Osiris Salas Torres
Julio Cesar Salas Torres
Tircis Salas Torres

Vectores y Superficies Cuadráticas con Aplicaciones

Osiris Salas Torres
Julio Cesar Salas Torres
Tircis Salas Torres

Vectores y Superficies Cuadráticas con Aplicaciones

Cálculo Vectorial

PUBLICIA

Cover image: www.ingimage.com

Publisher:
PUBLICIA
is a trademark of
Dodo Books Indian Ocean Ltd. and OmniScriptum S.R.L publishing group

120 High Road, East Finchley, London, N2 9ED, United Kingdom
Str. Armeneasca 28/1, office 1, Chisinau MD-2012, Republic of Moldova, Europe
Printed at: see last page
ISBN: 978-3-639-55969-9

Vectores y Superficies Cuadráticas con Aplicaciones

Osiris Salas Torres
Julio Cesar Salas Torres
Tircis Salas Torres

Dedicatoria

A Keni, Tonalli ,Osiris, Shivaya y Balam.
A nuestros padres †

Agradecimientos

Por ser un ejemplo a seguir, agradezco:

A nuestros profesores por sus enseñanzas...

A nuestros padres por la confianza y el apoyo que siempre nos mostraron...

Introducción

Este escrito va dirigido a estudiantes del colegio de Ciencia y Tecnología, para comprender los conceptos de Vectores los cuales son una de esas maravillosas nociones matemáticas que encuentran aplicaciones prácticas en casi todos los aspectos de la vida cotidiana. En esencia, un vector es un objeto matemático que tiene magnitud (o longitud) y dirección. Imagina una flecha en el espacio: el largo de la flecha representa la magnitud del vector, mientras que la dirección en la que apunta la flecha es, obviamente, la dirección del vector. Para entender los vectores en la vida cotidiana, vamos a explorar algunas áreas donde son especialmente relevantes:

1. **Navegación y Viajes** Cuando usas un mapa o una brújula para llegar de un punto a otro, básicamente estás siguiendo un vector. El vector te dice en qué dirección debes ir y por cuánto tiempo, considerando la magnitud como una representación del tiempo o distancia a recorrer.

2. **Física y Ingeniería** En física, los vectores son fundamentales para describir fuerzas, velocidades, aceleraciones y muchos otros conceptos. Por ejemplo, cuando un coche acelera en una dirección, esa aceleración se puede representar como un vector. En ingeniería, los vectores ayudan a calcular cargas en estructuras, direccionar el flujo de electricidad, o incluso diseñar sistemas de navegación.

3. **Deportes** Imagina a un jugador de fútbol pasando el balón. La dirección y fuerza con la que golpea el balón se puede describir usando un vector. Los vectores también se utilizan para analizar movimientos en deportes, mejorando técnicas o estrategias.

4. **Informática y Gráficos por Computadora** Los vectores son cruciales en la creación de gráficos por computadora, animaciones y en el procesamiento de imágenes. Se utilizan para modelar formas, trayectorias y movimientos dentro de un espacio virtual. Por ejemplo, un modelo 3D en un videojuego se compone de vectores que definen la posición y orientación de cada uno de sus componentes.

5. **Meteorología** En meteorología, los vectores se utilizan para representar la dirección y velocidad del viento. Esto ayuda a predecir patrones del clima y a entender cómo se mueven las masas de aire en la atmósfera.

6. **Analogía para Entender los Vectores** Para hacerlo más tangible, piensa en un vector como en una persona caminando con un perro. La correa del perro es el vector. La longitud de la correa es la magnitud del vector (cuánto se extiende el perro lejos del dueño), y la dirección en la que el perro tira es la dirección del vector. Esta analogía ilustra cómo los vectores tienen tanto magnitud (qué tan fuerte tira el perro) como dirección (hacia dónde tira).

Luego, los vectores son una herramienta poderosa no solo en matemáticas y ciencias, sino en muchas situaciones cotidianas, ayudándonos a describir y analizar el mundo en términos de direcciones y magnitudes. A medida que exploramos nuestro entorno, interactuamos con conceptos que pueden ser desglosados y entendidos a través de la lente de los vectores. Y algunas Superficies cuadráticas, las superficies cuadráticas son figuras geométricas tridimensionales definidas por ecuaciones polinómicas de segundo grado. En el espacio tridimensional, estas ecuaciones toman la forma general:

$$Ax^2+By^2+Cz^2+Dxy+Exz+Fyz+Gx+Hy+Iz+J=0$$

Donde A a J son coeficientes constantes. Estas superficies son fascinantes porque su estudio no solo es fundamental en matemáticas, sino que también tienen aplicaciones prácticas en física, ingeniería, y más. Las diferentes combinaciones de coeficientes en la ecuación general producen varios tipos de superficies cuadráticas, cada una con características únicas. Vamos a explorar algunos de los tipos más comunes y cómo se manifiestan en la vida cotidiana.

1. **Esferas** La ecuación de una esfera de radio r centrada en el origen es:

   $$x^2+y^2+z^2=r^2$$

   En la vida cotidiana, las esferas aparecen en formas obvias como pelotas, globos terráqueos, y burbujas.

2. **Elipsoides** Un elipsoide generaliza la forma de una esfera, estirada en uno o más de sus ejes principales. Su ecuación es:

   $$\frac{x^2}{a^2}+\frac{y^2}{b^2}+\frac{z^2}{c^2}=1$$

   Los elipsoides pueden representar desde planetas (que no son perfectamente esféricos debido a su rotación) hasta balones de rugby.

3. **Hiperboloides** Hay dos tipos de hiperboloides, de una hoja y de dos hojas. Un hiperboloide de una hoja tiene la ecuación:

$$\frac{x^2}{a^2}+\frac{y^2}{b^2}-\frac{z^2}{c^2}=1$$

   Y se puede ver en estructuras de enfriamiento de torres eléctricas o en ciertos tipos de chimeneas industriales debido a su resistencia estructural.

4. **Paraboloides** Los paraboloides pueden ser elípticos o hiperbólicos. Un paraboloide elíptico se asemeja a una antena parabólica:

$$x^2+y^2=4az$$

   Estas superficies son utilizadas en antenas parabólicas y telescopios reflectores debido a sus propiedades ópticas y de reflexión.

5. **Cilindros Elípticos** Un cilindro elíptico tiene la ecuación:

$$\frac{x^2}{a^2}+\frac{y^2}{b^2}=1$$

   Esto no varía con z, lo que significa que se extiende infinitamente en la dirección de z. Puedes pensar en un cilindro elíptico como la forma de un tubo de pasta de dientes o un vaso de papel para bebidas.

6. **Analogía para Entender las Superficies Cuadráticas** Imagina un artista de globos que puede inflar y torcer globos en diferentes formas. Cada forma que el artista crea (esferas, alargamientos elípticos, curvas hiperbólicas) puede representar una superficie cuadrática distinta. La habilidad del artista para manipular la forma y la dirección del globo refleja cómo los coeficientes en las ecuaciones de las superficies cuadráticas determinan su geometría en el espacio tridimensional.

Las superficies cuadráticas no solo son fundamentales para la comprensión matemática del espacio y la forma, sino que también tienen aplicaciones prácticas en arquitectura, diseño de productos, óptica, y más. Su estudio nos permite modelar y entender fenómenos físicos, estructuras creadas por el hombre y formas naturales a través de un lente matemático, lo que demuestra la interconexión entre las matemáticas y el mundo real. Para apoyar en la comprensión de dichos conceptos y haciendo ilustraciones en la física, que se imparten en el segundo semestre de cualquier licenciatura relacionada con el colegio de Ciencia y Tecnología. Los vectores y las superficies cuadráticas son maneras en que los matemáticos y científicos describen cosas en el mundo real. Los vectores nos ayudan a entender el movimiento y las fuerzas, mientras que las superficies cuadráticas nos ayudan a entender formas y estructuras en tres dimensiones.

Los vectores nos ayudan a entender cosas que tienen dirección y magnitud (o tamaño). Por ejemplo, si empujas un carrito de juguete, el vector puede mostrar hacia dónde va el carrito y qué tan fuerte lo empujas. La dirección de la flecha te muestra hacia dónde se mueve el carrito, y la longitud de la flecha te dice qué tan rápido se mueve.

Superficies cuadráticas: Ahora, piensa en diferentes formas que puedes hacer con plastilina. Una "superficie cuadrática"es un tipo especial de forma que puedes hacer. Hay varias, pero aquí te doy tres ejemplos: **Paraboloide**: Imagina una antena parabólica o un tazón. Esta forma es como un tazón que se puede hacer más ancho o más alto. En matemáticas, esto se llama un "paraboloide". **Elipsoide**: Piensa en un balón de fútbol o una sandía. Es como una bola, pero puedes estirarla para hacerla más larga o aplastarla para hacerla más corta. Eso es un "elipsoide". **Hiperboloide**: Imagina una torre de enfriamiento de una planta de energía, que es más ancha en la parte superior e inferior y más estrecha en el medio. Esa forma es un "hiperboloide".

Índice general

Dedicatoria III

Agradecimientos V

Introducción VII

1. Vectores en $\mathbb{R}^n$ 1

1.1. Cantidad escalar . . . 1
1.2. $\mathbb{R}^n$ como espacio Euclidiano . . . 4
1.3. Propiedades de la Norma y el Producto Interno . . . 17
1.4. Normas y Métricas en $\mathbb{R}^n$ . . . 25
1.5. Productos escalares de parejas de $\hat{\imath}$, $\hat{\jmath}$ y $\hat{k}$ . . . 29
1.6. Componentes de vectores . . . 32
1.7. Representación Gráfica de Vectores en Física . . . 33
1.8. Componentes de un vector, descomposición de vectores, composición de vectores . . . 36
1.9. Ángulos y cosenos directores. . . . 42
1.10. Proyecciones . . . 44
1.11. El producto vectorial . . . 48
1.12. Par de Torsión . . . 52
1.13. Productos Triples . . . 54
1.14. Ejercicios . . . 57

2. Ecuaciones de líneas y planos 63

2.1. Planos . . . 73
2.2. Coordenadas Polares . . . 84
2.3. Coordenadas Cilíndricas . . . 86
2.4. Coordenadas esféricas . . . 89
2.5. Movimiento rectilíneo uniformemente acelerado . . . 92

2.6. Caída libre y Tiro Vertical 97
2.7. El movimiento parabólico 101
2.8. Velocidad de escape 105

3. Cilindros Y Superficies Cuadráticas **109**
3.1. Cilindros 109
3.2. Superficies Cuadráticas 113
3.3. Ejercicios 120

Referencias **128**

Indice de páginas web **131**

Capítulo 1

Vectores en $\mathbb{R}^n$

1.1. Cantidad escalar

La palabra **Cantidad** ver [1] generalmente sugiere un número, por ejemplo, una suma de dinero. Sin embargo, esta no es su interpretación en el lenguaje científico. En el lenguaje de la ciencia **cantidad es una propiedad de los cuerpos que puede ser medida**. Imagina que estás hablando de cosas como tu altura, el tiempo que tardas en hacer la tarea, o cuántos dulces tienes en tu bolsa. Todas estas cosas tienen algo en común: solo necesitas un número para describirlas. Por ejemplo, si dices "Tengo 10 dulces"o "Tardé 30 minutos en hacer mi tarea", estás usando cantidades escalares.
En matemáticas, una cantidad escalar es simplemente un número que representa la magnitud o tamaño de algo, pero no tiene dirección. Es como decir cuánto hay de algo o qué tan grande es algo, sin preocuparte por hacia dónde va o dónde está.
Entonces, cada vez que hables de cuánto pesas, cuántos años tienes, o qué tan largo es tu lápiz, estás hablando de cantidades escalares. Son solo números sin ninguna dirección, y son muy útiles para describir el mundo a nuestro alrededor. Algunos ejemplos son:

Ejemplo 1. Longitud de una cancha de tenis.

Ejemplo 2. El área de las superficies.

Ejemplo 3. El volumen de los cuerpos.

Ejemplo 4 (Ejemplo de propiedades que no podemos medir)**.** El color de los objetos.

Ejemplo 5 (Ejemplo de propiedades que no podemos medir)**.** El sabor de los alimentos.

Ejemplo 6 (Ejemplo de propiedades que no podemos medir)**.** El lustre de los metales.

Ejemplo 7 (Ejemplo de propiedades que no podemos medir)**.** El olor de las sustancias.

Observación 1. *Para el análisis físico-matemático de una extensa gama de problemas de aplicación debemos conocer dos tipos de cantidades*

1. **Cantidad escalar** *o simplemente* **Escalar**.

2. **Cantidad vectorial** *o simplemente* **Vector**.

Recibe el nombre de **cantidad escalar** cualquier cantidad matemática o propiedad de un sistema físico que se pueda representar por un número real. En el caso especial de una **cantidad escalar** referida a un sistema físico, el número real será una medida de dicha cantidad, en las unidades que le corresponden, por ejemplo 21 metros, 45 segundos, 30 kilogramos, entre otros.
El área de una superficie es una **cantidad escalar** puesto que es una propiedad que puede medirse. El área de un rectángulo que tiene un lado de 4 metros y el otro lado de 5 metros es igual a 20 m^2.
Observé que el **valor** o **magnitud**, de está área se expresa exclusivamente con un número, en este caso el 20 y la unidad empleada para medirla es metros cuadrados. Por lo tanto, el **valor** o **magnitud** de muchas cantidades física-matemáticas se expresan con sólo un número y la unidad correspondiente. Es indispensable tener mucha precaución con las unidades. Por ejemplo, si p y q son escalares físicos, al expresar que su suma es $p+q$ solamente tienen sentido si las unidades de medida son las mismas. De esta forma podemos sumar dos o más kilogramos, dos o más áreas etc. Una **cantidad escalar** sólo tiene magnitud. Ejemplos de **cantidades escalares** son:

Ejemplo 8. Números Reales.

Ejemplo 9. Módulo de un número complejo.

Ejemplo 10. Tiempo.

Ejemplo 11. Densidad de los cuerpos.

Ejemplo 12. Diferencia de Potencial.

Ejemplo 13. Frecuencia.

Ejemplo 14. Rapidez.

Ejemplo 15. Masa.

Ejemplo 16. Gravedad.

Ejemplo 17. Temperatura.

Ejemplo 18. Calor Específico.

Ejemplo 19. Trabajo.

Ejemplo 20. Energía.

Ejemplo 21. Volumen.

Ejemplo 22. Longitud.

Ejemplo 23. Entropía.

Ejemplo 24. Área.

Las operaciones con escalares obedecen las mismas reglas del álgebra elemental. Un aspecto primordial de la física e ingeniería, que se diferencian de otras disciplinas académicas, es que ellas están relacionadas con cantidades que pueden definirse sin ambigüedad. Aunque el número de cantidades físicas consideradas en ciencias e ingeniería son demasiadas, ellas pueden clasificarse en grupos relativamente pequeños de acuerdo al número de componentes de información necesaria para especificar completamente. Entre estas cantidades físicas son muchas las cuales están clasificadas por la única información que contienen: su **magnitud** o **valor**. Hemos mencionado que tales cantidades se conocen como **cantidades escalares** o simplemente **escalares**. Una definición más formal del concepto de cantidad escalar es:

Definición 1.1.1. Una cantidad es llamada escalar sólo si esta es invariante bajo una transformación del espacio de coordenadas.

Como un ejemplo de **cantidad escalar**, considere el valor numérico del voltaje electrostático en un punto. Este voltaje es el mismo sin hacer caso del sistema de coordenadas empleado para describir este punto. En resumen, un número real es el tipo más simple de **escalar**. Usualmente, una **cantidad escalar** asociada con modelos físicos, expresa la proporción del tamaño de la cantidad con el tamaño de alguna unidad aceptada como un estándar para su medida. Por ejemplo, la masa de una mesa es aproximadamente de 8 kilogramos, esto es, su masa es 8000 veces la unidad de masa llamada gramo. La suma, resta, división y multiplicación de **cantidades escalares matemáticas** son las mismas que se emplean para los números reales. En el caso de **cantidades escalares físicas**, las operaciones de suma y resta tienen sentido físico para escalares de la misma especie, esto es, si las unidades de medida son las mismas. En algunos textos matemáticos, la palabra **escalar** es simplemente usada como sinónimo de número. En la física aquellas cantidades, que están caracterizadas sólo por

su magnitud numérica y la unidad correspondiente (no tiene nada que ver con la dirección) son llamadas **cantidades escalares** o simplemente **escalares**.
La palabra **Vector** ver [2] proviene de la raíz latina que significa "transportar". Un vector se forma cuando un punto se desplaza, o "transporta", una distancia dada en una dirección dada.Visto de otra forma, los vectores "transportan"dos piezas de información: su longitud y su dirección. Cuando los vectores se escriben a mano, es difícil indicar las negritas. Algunas personas prefieren escribir $\vec{v}$ para el vector denotado en impreso por $\vec{v}$, pero en la mayoría de los casos está bien usar una minúscula ordinaria v. Por lo general, será claro desde el contexto cuando la letra denota un vector.
Piensa en un tren de juguete que se mueve sobre su pista. Los vectores nos ayudan a describir dos cosas importantes sobre este tren: en qué dirección se está moviendo y qué tan rápido va.
Dirección: Imagina que el tren puede moverse hacia adelante, hacia atrás, o incluso en un círculo. La dirección del tren (hacia dónde se mueve) es una parte de lo que un vector nos dice.
Velocidad: Ahora, piensa en qué tan rápido va el tren. Puede ir lento, rápido, o a velocidad media. La velocidad del tren es la otra parte de la información que nos da un vector. Así que, cada vez que ves el tren moviéndose, está mostrándote un ejemplo de un vector. El tren te muestra hacia dónde va (dirección) y qué tan rápido se mueve (velocidad), y eso es justo lo que hace un vector en matemáticas. Es como contar una pequeña historia sobre el viaje del tren: "El tren va hacia el norte a una velocidad de 5 kilómetros por hora". Esa historia es lo que un vector nos ayuda a describir. Imagina que estás jugando con un coche de juguete. Cuando lo empujas, se mueve en una dirección y va a cierta velocidad. En matemáticas, usamos algo llamado **vector** para describir esto. Un vector nos dice dos cosas: hacia dónde va algo y qué tan rápido se mueve.

1.2. $\mathbb{R}^n$ como espacio Euclidiano

Imagina que estás en un parque con un amigo y juegan con un balón. Cuando lanzas el balón a tu amigo, el balón se mueve en una dirección específica (por ejemplo, hacia tu amigo) y a una cierta velocidad (rápido o lento, dependiendo de qué tan fuerte lo lanzas).
En matemáticas, un vector es como una forma de hablar sobre ese lanzamiento. El vector te dice dos cosas:
Dirección del Lanzamiento: Esta es la dirección en la que lanzas el balón. Puede ser hacia tu amigo, hacia arriba, hacia abajo, hacia un lado, entre otras cosas. **Qué tan Fuerte Lanzas el Balón**: Esto se refiere a la velocidad del balón. Un lanzamiento fuerte significa que el balón va rápido, y un lanzamiento suave significa que va lento. Entonces, cada vez que lanzas el balón, estás mostrando lo que un vector significa en la vida real. Es como una manera de describir el viaje del balón en el aire, diciendo "el balón va en esta dirección y a esta velocidad". Eso

es lo que los matemáticos y los científicos usan para entender cómo se mueven las cosas. Análogamente imagina que estás en la playa y observas a alguien practicando surf. El surfista en su tabla se mueve sobre las olas en diferentes direcciones y velocidades. Cada vez que el surfista cambia de dirección o velocidad, está mostrando lo que sería un vector en matemáticas. El vector aquí nos dice dos cosas importantes:
Dirección del Surfista: Esta es la dirección en la que el surfista se mueve con su tabla. Puede ser hacia la orilla, paralelo a la playa, o en cualquier otra dirección que las olas le permitan. **Velocidad del Surfista**: Esto se refiere a qué tan rápido se mueve el surfista. Puede ir muy rápido sobre una ola grande, o más lento si la ola es pequeña. Entonces, cuando ves al surfista moviéndose sobre las olas, está mostrando lo que en matemáticas llamaríamos un vector. El surfista con su tabla es como una demostración en vivo de cómo un vector describe el movimiento en una dirección y a una velocidad específica. Esto es útil porque en matemáticas, ciencia y ingeniería, los vectores nos ayudan a entender y predecir cómo se mueven las cosas.

Definición 1.2.1. Sea $\mathbb{R}^n = \{(a_1,a_2,\ldots,a_n)|a_i \in \mathbb{R},\ 1 \leq i \leq n\}$. Se define la **suma** en $\mathbb{R}^n$ por:

$$(a_1,a_2,\ldots,a_n)+(b_1,b_2,\ldots,b_n)=(a_1+b_1,a_2+b_2,\ldots,a_n+b_n),$$

$$+:\mathbb{R}^n\times\mathbb{R}^n\to\mathbb{R}^n,\ +(\vec{a},\vec{b})=\vec{a}+\vec{b}.$$

Y el **producto por escalar** como:

$$k(a_1,a_2,\ldots,a_n)=(ka_1,ka_2,\ldots,ka_n),$$

$$\cdot:\mathbb{R}\times\mathbb{R}^n\to\mathbb{R}^n,\ \cdot(k,\vec{a})=k\vec{a}.$$

donde $\vec{a}=(a_1,a_2,\ldots,a_n),\vec{b}=(b_1,b_2,\ldots,b_n)\in\mathbb{R}^n$, $k\in\mathbb{R}$.

Sea $(a_1,a_2,\ldots,a_n)$ la n-ada en $\mathbb{R}^n$, a cada uno de los números reales $a_1,a_2,\ldots,a_n$ que la conforman reciben el nombre de *componente* o *coordenada* de la n-ada correspondiente y, puesto que éstas son ordenadas, decimos, con más precisión, que la i-ésima coordenada de $(a_1,a_2,\ldots,a_n)$, $i=1,2,3,\ldots,n$. Por ejemplo, si $n=1$, el conjunto $\mathbb{R}^1$ no es más que el conjunto de los números reales $\mathbb{R}$. Si $n=2$, $\mathbb{R}^2$ será el conjunto de las parejas ordenadas de números reales que podamos escribir como $\{(a_1,a_2)|a_1,a_2\in\mathbb{R}\}$. Si $n=3$, el conjunto $\mathbb{R}^3$ estará formado por las ternas de números reales, que se poden escribir como $\{(a_1,a_2,a_3)|a_1,a_2,a_3\in\mathbb{R}\}$, así sucesivamente. Insistimos en que las n-adas que constituyen el conjunto $\mathbb{R}^n$, son *ordenadas*: por ejemplo, en $\mathbb{R}^2$, la pareja $(3,5)$ es *diferente* de la pareja $(5,3)$. De hecho, dos n-adas en $\mathbb{R}^n$ se dice ser *iguales*, cuando todas y cada una de sus coordenadas son iguales. Es decir que

$$(a_1,a_2,\ldots,a_n)=(b_1,b_2,\ldots,b_n)\ \text{si y sólo si}\ a_i=b_i,\ i=1,2,\ldots,n.$$

Nota 1.2.1. La palabra *componente* se deriva de las palabras latinas co, que significa "junto con", y ponere, que significa "poner". Por tanto, un vector es "poner juntos"sus componentes.

Nota 1.2.2. El plano cartesiano recibe su nombre en honor del filósofo y matemático francés René Descartes (1596 – 1650), cuya introducción de las coordenadas permitió que los problemas geométricos se manejaran con el uso de técnicas algebraicas.

Comience por considerar el plano cartesiano cuyos ejes son x e y. Un vector es un segmento de recta dirigido que corresponde a un desplazamiento desde un punto M hasta otro punto N; vea la siguiente figura:

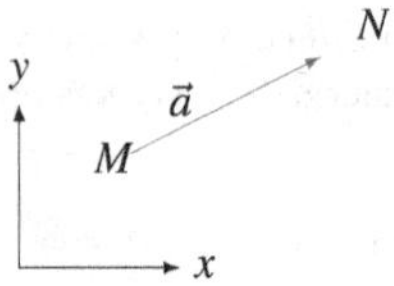

El vector de M a N se denota mediante $\vec{MN}$; el punto M se conoce como punto inicial o cola, y el punto N se conoce como punto final o cabeza. Con frecuencia, un vector simplemente se denota mediante una sola letra minúscula negrita, como $\vec{a}$.
El conjunto de todos los puntos en el plano corresponden al conjunto de todos los vectores cuyos orígenes están en el origen O. A cada punto M, le corresponde el vector $\vec{a} = \vec{OM}$; a cada vector $\vec{a}$ con cola en O, le corresponde su cabeza en M. (Los vectores de esta forma en ocasiones se conocen como vectores de posición .) Es natural representar dichos vectores usando coordenadas.
Por ejemplo, en la siguiente figura, $M = (3,2)$ y el vector se escribe a $\vec{OM} = (3,2)$. De igual modo, los otros vectores en la siguiente figura son

$$\vec{b} = (-1,3) \quad \text{y} \quad \vec{c} = (2,-1)$$

Las coordenadas individuales (3 y 2 en el caso de $\vec{a}$) se llaman los componentes del vector. En ocasiones, se dice que un vector es un par **ordenado** de números reales. El orden es importante pues, por ejemplo, $(-3,5) \neq (5,-3)$. En general, dos vectores son iguales si y sólo si sus componentes correspondientes son iguales. Por tanto, $(a,b) = [-1,7]$ implica que $a = -1$y $b = 7$.

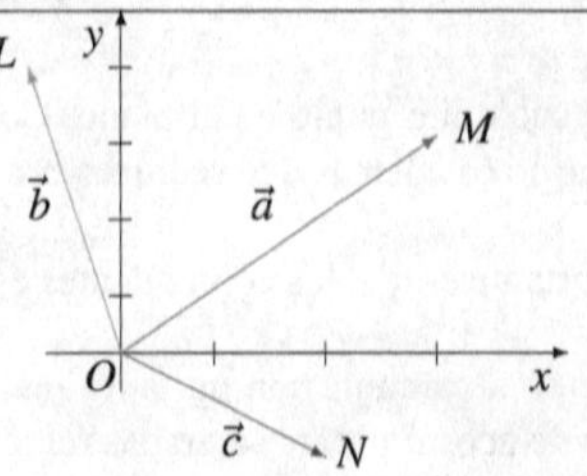

El vector $\vec{b} = (-1, 4)$ puede interpretarse de la siguiente manera: a partir del origen O, viaje 1 unidad a la izquierda, luego 4 unidades arriba y termine en M.

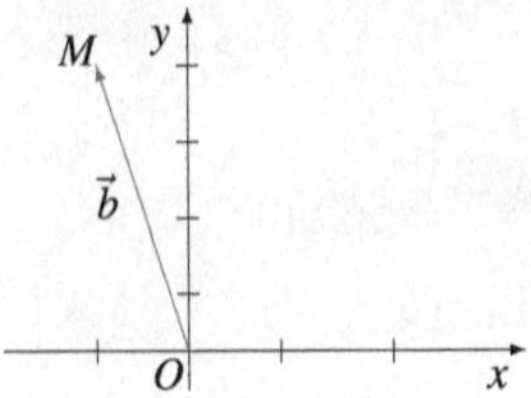

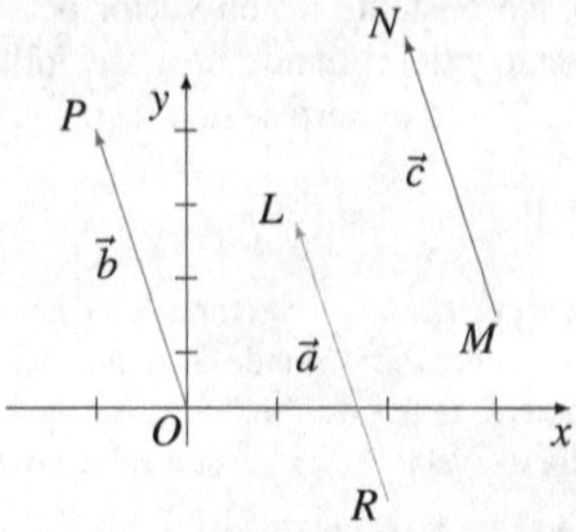

El mismo desplazamiento puede aplicarse con otros puntos iniciales. La siguiente figura muestra dos desplazamientos equivalentes, representados por los vectores $\vec{MN}$ y $\vec{RL}$.

Dos vectores se definen como iguales si tienen la misma longitud y la misma dirección. Por tanto, $\vec{MN} = \vec{RL}$ en la figura anterior (Aun cuando tengan diferentes puntos inicial y final, representan el mismo desplazamiento.) Geométricamente, dos vectores son iguales si uno puede obtenerse al deslizar (o trasladar) el otro paralelo a sí mismo hasta que los dos vectores coincidan. En términos de componentes, en la figura anterior se tiene $R = (2, -1)$, y $L = (1, 3)$. Note que el vector $(-1, 4)$ que registra el desplazamiento sólo es la diferencia de los componentes respectivos:

$$\vec{RL} = (1,3) - (2,-1) = (1-2, 3-(-1)) = (-1,4).$$

Analogamente,

$$\vec{MN} = (2,5) - (3,1) = (2-3, 5-1) = (-1,4).$$

Luego $\vec{MN} = \vec{RL}$ como se esperaba.

Se dice que un vector como $\vec{OP}$ con su punto inicial en el origen está en **posición estándar**. La discusión anterior muestra que todo vector puede dibujarse como un vector en posición estándar. Por otro lado, un vector en posición estándar puede redibujarse (por traslación) de modo que su origen esté en cualquier punto en el plano. Con frecuencia, es conveniente usar **vectores columna** en lugar de (o además de) **vectores renglón**. Otra representación de $(5,1)$ es $\begin{pmatrix} 5 \\ 1 \end{pmatrix}$ (El punto importante es que los componentes están ordenados.) En capítulos posteriores se verá que los vectores columna son un tanto mejores desde el punto de vista computacional; por ahora, trate de acostumbrarse a ambas representaciones.

Puede ocurrir que en realidad no pueda dibujar el vector $(0,0) = \vec{0}$ desde el origen hacia sí mismo. No obstante, es un vector perfectamente bueno y tiene un nombre especial: el **vector** cero. El vector cero se denota $\vec{0}$.

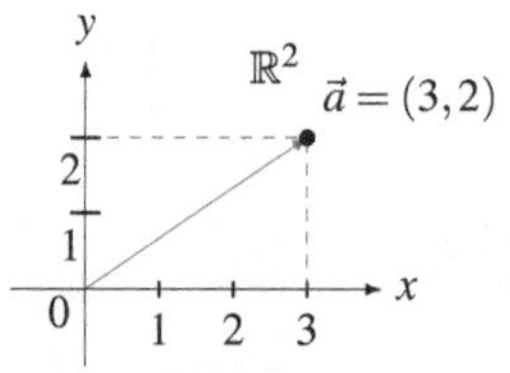

El conjunto de todos los vectores con dos componentes se denota $\mathbb{R}^2$ (donde $\mathbb{R}$ denota el conjunto de números reales de donde se eligen los componentes de los vectores en $\mathbb{R}^2$ son seleccionados). Por tanto, $(-2,e)$, $(\pi,4)$, y $\left(\frac{-1}{5}, \sqrt{5}\right)$, están todos en $\mathbb{R}^2$. Localizar un punto

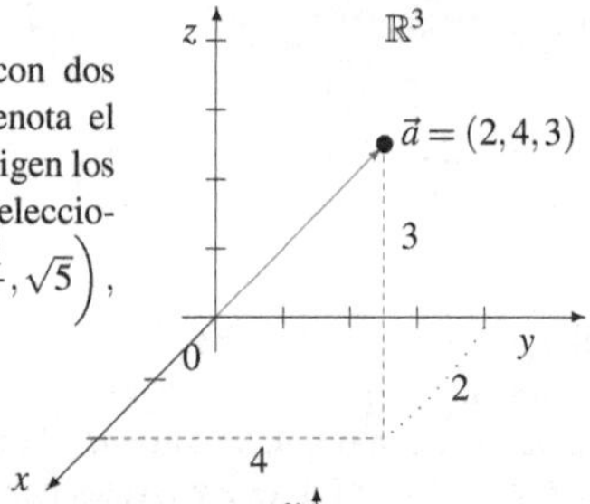

Multiplicación por un escalar

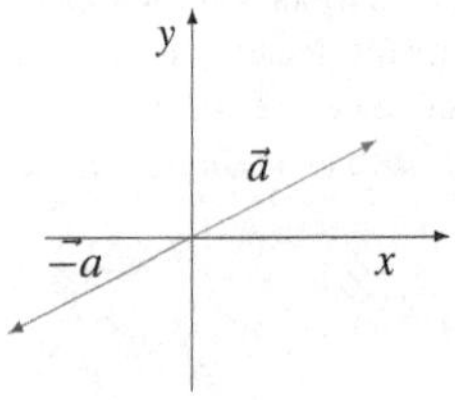

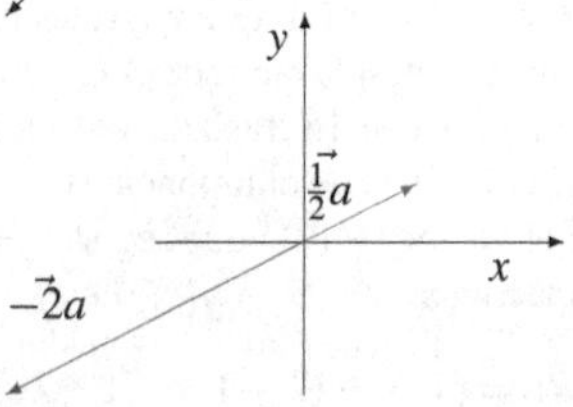

Suma de vectores

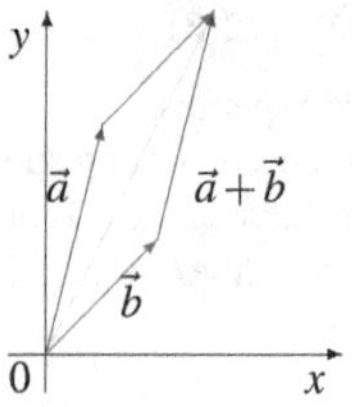

Diferencia de vectores

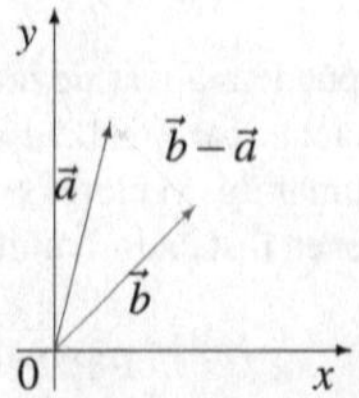

Ejemplo 25. Sea

$$\vec{a} = \begin{pmatrix} 4 \\ 9 \end{pmatrix} \quad \text{y} \quad \vec{b} = \begin{pmatrix} 2 \\ -5 \end{pmatrix}$$

Calcule $\vec{a}-\vec{b}$, $\frac{2}{3}\vec{a}$, $3\vec{b}$, y $2\vec{a}+5\vec{b}$.

Demostración.

$$\vec{a}-\vec{b} = \begin{pmatrix} 2 \\ 14 \end{pmatrix}, \quad \frac{2}{3}\vec{a} = \begin{pmatrix} \frac{8}{3} \\ 6 \end{pmatrix}, \quad 3\vec{b} = \begin{pmatrix} 6 \\ -15 \end{pmatrix} \quad 2\vec{a}+5\vec{b} = \begin{pmatrix} 18 \\ -7 \end{pmatrix}$$

Ejemplo 26. Sea

$$\vec{a} = \begin{pmatrix} 1 \\ 2 \\ -3 \end{pmatrix} \quad \text{y} \quad \vec{b} = \begin{pmatrix} 7 \\ -1 \\ 2 \end{pmatrix}$$

Calcule $\vec{a}+\vec{b}, 3\vec{a}, -\vec{b}$, y $5\vec{a}-2\vec{b}$.

Demostración.

$$\vec{a}+\vec{b} = \begin{pmatrix} 8 \\ 1 \\ -1 \end{pmatrix}, \quad 3\vec{a} = \begin{pmatrix} 3 \\ 6 \\ -9 \end{pmatrix}, \quad -\vec{b} = \begin{pmatrix} -7 \\ 1 \\ -2 \end{pmatrix} \quad 5\vec{a}-2\vec{b} = \begin{pmatrix} -9 \\ 12 \\ -19 \end{pmatrix}$$

La suma de vectores se puede realizar de manera sencilla en Python utilizando la biblioteca NumPy, que es muy eficiente para realizar operaciones matemáticas con arrays y matrices. Aquí te muestro cómo sumar dos vectores en Python:
Primero, asegúrate de tener instalado NumPy. Si no lo tienes, puedes instalarlo utilizando pip:

pip install numpy

Luego, puedes sumar dos vectores de la siguiente manera:

```
import numpy as np

# Define dos vectores como arrays de NumPy
vector1 = np.array([x1, y1, z1])
vector2 = np.array([x2, y2, z2])

# Suma los vectores
vector_suma = vector1 + vector2

print("La␣suma␣de␣los␣vectores␣es:", vector_suma)
```

En este código, ‘x1’, ‘y1,’‘z1’representan las componentes del primer vector, y ‘x2,’‘y2,’‘z2’las del segundo. NumPy se encarga de realizar la suma componente a componente automáticamente cuando usas el operador ‘+’entre dos arrays.
Por ejemplo, si quieres sumar los vectores $v = (1,2,3)$ y $w = (4,5,6)$, el código sería:

```
import numpy as np

vector1 = np.array([1, 2, 3])
vector2 = np.array([4, 5, 6])

vector_suma = vector1 + vector2

print("La␣suma␣de␣los␣vectores␣es:", vector_suma)
```

Esto imprimirá:

La suma de los vectores es: **[5 7 9]**

Esta es la manera más sencilla y eficiente de sumar vectores en Python, aprovechando las capacidades de NumPy. De manera análoga lo hacemos para la resta.

Ejemplo 27. La operación de suma y producto por escalar en $\mathbb{R}^3$ se formulan como:

1. Dados (a_1,a_2,a_3), $(b_1,b_2,b_3) \in \mathbb{R}^3$, se define:

$$(x_1,x_2,x_3)+(y_1,y_2,y_3) = (x_1+y_1,x_2+y_2,x_3+y_3)$$

2. Dados $(a_1,a_2,a_3) \in \mathbb{R}^3$ y $k \in \mathbb{R}$, se define:

$$k(a_1,a_2,a_3) = (ka_1,ka_2,ka_3)$$

Entonces $\mathbb{R}^3$ con la suma y producto definidos anteriormente es un espacio vectorial.

Demostración. Para esto verifiquemos que $\mathbb{R}^3$ con la operación $+$ cumple las siguientes propiedades

a) Para todos $\vec{a},\vec{b} \in \mathbb{R}^3$, se cumple que $\vec{a}+\vec{b} = \vec{b}+\vec{a}$ (conmutatividad). Sean $\vec{a} = (a_1,a_2,a_3)$ y $\vec{b} = (b_1,b_2,b_3)$, entonces

$$\vec{a}+\vec{b} = (a_1+b_1,a_2+b_2,a_3+b_3) = (b_1+a_1,b_2+a_2,b_3+a_3) = \vec{b}+\vec{a}$$

b) Para todos $\vec{a},\vec{b},\vec{c} \in \mathbb{R}^3$, se cumple que $(\vec{a}+\vec{b})+\vec{c} = \vec{a}+(\vec{b}+\vec{c})$ (asociatividad). Sean $\vec{a} = (a_1,a_2,a_3)$, $\vec{b} = (b_1,b_2,b_3)$ y $\vec{c} = (c_1,c_2,c_3)$, entonces

$$\begin{aligned}
(\vec{a}+\vec{b})+\vec{c} &= ((a_1,a_2,a_3)+(b_1,b_2,b_3))+(c_1,c_2,c_3) \\
&= (a_1+b_1,a_2+b_2,a_3+b_3)+(c_1,c_2,c_3) \\
&= ((a_1+b_1)+c_1,(a_2+b_2)+c_2,(a_3+b_3)+c_3) \\
&= (a_1+(b_1+c_1),a_2+(b_2+c_2),a_3+(b_3+c_3)) \\
&= (a_1,a_2,a_3)+((b_1,b_2,b_3)+(c_1,c_2,c_3)) \\
&= \vec{a}+(\vec{b}+\vec{c})
\end{aligned}$$

c) Existe un elemento en $\mathbb{R}^3$ llamado cero y denotado por $\vec{0}$ tal que $\vec{0}+\vec{a} = \vec{a}$, pata todo $\vec{a} \in \mathbb{R}^3$ (existencia del neutro aditivo). Sea $\vec{0} = (0,0,0)$ entonces si $\vec{a} = (a_1,a_2,a_3)$ tenemos

$$\vec{0}+\vec{a} = (0,0,0)+(a_1,a_2,a_3) = (0+a_1,0+a_2,0+a_3) = (a_1,a_2,a_3) = \vec{a}$$

d) Para todo $\vec{a} \in \mathbb{R}^3$ existe un elemento $-\vec{a}$ tal que $\vec{a}+(-\vec{a}) = \vec{0}$ (existencia de elementos inversos). Sea $\vec{a} \in \mathbb{R}^3$, con $\vec{a} = (a_1,a_2,a_3)$, definimos el inverso de $\vec{a}$ por $-\vec{a} = (-a_1,-a_2,-a_3)$, entonces tenemos

$$\begin{aligned}
\vec{a}+(-\vec{a}) &= (a_1,a_2,a_3)+(-a_1,-a_2,-a_3) \\
&= (a_1+(-a_1),a_2+(-a_2),a_3+(-a_3)) \\
&= (a_1-a_1,a_2-a_2,a_3-a_3) = (0,0,0) = \vec{0}
\end{aligned}$$

Ahora veamos que $\mathbb{R}^3$ con la operación producto $\cdot$ cumple

a) Para todo $\vec{a} \in \mathbb{R}^3$, se tiene que $1 \cdot \vec{a} = \vec{a}$, con $1 \in \mathbb{R}$. Si $\vec{a} \in \mathbb{R}^3$,

$$1 \cdot \vec{a} = 1 \cdot (a_1, a_2, a_3) = (1 \cdot a_1, 1 \cdot a_2, 1 \cdot a_3) = (a_1, a_2, a_3) = \vec{a}$$

b) Para todo $\vec{a} \in \mathbb{R}^3$ y para todo λ y $\mu \in \mathbb{R}$, se tiene que $\lambda(\mu\vec{a}) = (\lambda\mu)\vec{a}$. Sea $\vec{a} \in \mathbb{R}^3$, con $\vec{a} = (a_1, a_2, a_3)$, tenemos

$$\begin{aligned} \lambda(\mu\vec{a}) &= \lambda(\mu a_1, \mu a_2, \mu a_3) = (\lambda(\mu a_1), \lambda(\mu a_2), \lambda(\mu a_3)) \\ &= ((\lambda\mu)a_1, (\lambda\mu)a_2, (\lambda\mu)a_3) = (\lambda\mu)\vec{a} \end{aligned}$$

c) El producto por escalar es distributivo, es decir,

$$\begin{aligned} (\lambda + \mu)\vec{a} &= \lambda\vec{a} + \mu\vec{a}, \\ \lambda(\vec{a} + \vec{b}) &= \lambda\vec{a} + \lambda\vec{b}, \end{aligned}$$

para todos $\lambda, \mu \in \mathbb{R}^3$ y para todos $\vec{a}, \vec{b} \in \mathbb{R}^3$.
Sea $\vec{a} \in \mathbb{R}^3$, con $\vec{a} = (a_1, a_2, a_3)$, tenemos

$$\begin{aligned} (\lambda + \mu) \cdot \vec{a} &= ((\lambda + \mu)a_1, (\lambda + \mu)a_2, (\lambda + \mu)a_3) \\ &= (\lambda a_1 + \mu a_1, \lambda a_2 + \mu a_2, \lambda a_3 + \mu a_3) \\ &= (\lambda a_1, \lambda a_2, \lambda a_3) + (\mu a_1, \mu a_2, \mu a_3) = \\ &= \lambda\vec{a} + \mu\vec{a}. \end{aligned}$$

$$\begin{aligned} \lambda \cdot (\vec{a} + \vec{b}) &= \lambda \cdot (a_1 + b_1, a_2 + b_2, a_3 + b_3) \\ &= (\lambda(a_1 + b_1), \lambda(a_2 + b_2), \lambda(a_3 + b_3)) \\ &= (\lambda a_1, \lambda a_2, \lambda a_3) + (\lambda b_1, \lambda b_2, \lambda b_3) = \\ &= \lambda\vec{a} + \lambda\vec{b}. \end{aligned}$$

para todos $\lambda, \mu \in \mathbb{R}$ y para todos $\vec{a}, \vec{b} \in \mathbb{R}^3$

De manera análoga se puede demostrar el siguiente.

Teorema 1.1. *$\mathbb{R}^n$ es espacio vectorial sobre $\mathbb{R}$ de dimensión n.*

Demostración. Se deja como ejercicio al lector.

Definición 1.2.2. Dados $\vec{a} = (a_1, a_2, \ldots, a_n), \vec{b} = (b_1, b_2, \ldots, b_n) \in \mathbb{R}^n$, se define el **producto interno** o **producto escalar** de $\vec{a}$ y $\vec{b}$ por:

$$\langle \vec{a}, \vec{b} \rangle = \vec{a} \cdot \vec{b} = \sum_{i=1}^{n} a_i b_i.$$

$$\langle \_, \_ \rangle : \mathbb{R}^n \times \mathbb{R}^n \to \mathbb{R}.$$

Ejemplo 28.

1. Si $n = 2$, sean $\vec{a} = (-3, 3)$ y $\vec{b} = (2, 4)$, luego
$$\vec{a} \cdot \vec{b} = (-3)(2) + (3)(4) = -6 + 12 = 6.$$

2. Si $n = 4$, sean $\vec{a} = (-3, -2, 1, 3)$ y $\vec{b} = (-1, 2, 4, 2)$, luego
$$\vec{a} \cdot \vec{b} = (-3)(-1) + (-2)(2) + (1)(4) + (3)(2) = 3 - 4 + 4 + 6 = 9.$$

3. Pero puede pasar que el $\langle \vec{a}, \vec{b} \rangle = 0$ sin que $\vec{a}$ y $\vec{b}$ sean cero. Sea $n = 3$, sean $\vec{a} = (-4, 1, 2)$ y $\vec{b} = (2, 4, 2)$, luego
$$\vec{a} \cdot \vec{b} = (-4)(2) + (1)(4) + (2)(2) = (-8) + 4 + 4 = 0.$$

Definición 1.2.3. Dos vectores $\vec{a}, \vec{b} \in \mathbb{R}^n$, se dicen **ortogonales** o **perpendiculares** si $\langle \vec{a}, \vec{b} \rangle = 0$.

Ejemplo 29. Si

$$\vec{a} = \begin{pmatrix} 1 \\ 2 \\ -3 \end{pmatrix}, \quad \vec{b} = \begin{pmatrix} 4 \\ -5 \\ 1 \end{pmatrix}.$$

Calcular $\vec{a} \cdot \vec{b}$:

Demostración. $\vec{a} \cdot \vec{b} = (1)(4) + (2)(-5) + (-3)(1) = -9$.

Ejemplo 30. Determine todos los vectores que son ortogonales a: $\vec{a} = (1, 2)$.

Demostración. Todos los vectores $\vec{b} \in \mathbb{R}^2$ que son ortogonales a $\vec{a}$ cumplen $\vec{a} \cdot \vec{b} = 0$, es decir, si $\vec{b} = (b_1, b_2)$, entonces $\vec{a} \cdot \vec{b} = (1,2) \cdot (b_1, b_2) = b_1 + 2b_2 = 0$, de lo cual se sigue que $\vec{b} = \lambda(-2,1)$ con $(\lambda \in \mathbb{R})$.

El producto punto (o producto escalar) entre dos vectores es una operación fundamental en álgebra lineal. El producto punto de dos vectores a y b, denotado como $a \cdot b$, se calcula como la suma de los productos de sus componentes correspondientes. Matemáticamente, si $a = (a_1, a_2, a_3)$ y $b = (b_1, b_2, b_3)$, entonces:

$$a \cdot b = a_1 b_1 + a_2 b_2 + a_3 b_3$$

En Python, podemos utilizar la biblioteca NumPy para calcular el producto punto de una manera muy eficiente y directa. Aquí te muestro cómo hacerlo:
Primero, asegúrate de tener instalado NumPy. Si no lo tienes, puedes instalarlo utilizando pip:

pip install numpy

Luego, aquí tienes un ejemplo de cómo calcular el producto punto entre dos vectores:

```
import numpy as np

# Define los dos vectores
vector_a = np.array([a1, a2, a3])
vector_b = np.array([b1, b2, b3])

# Calcula el producto punto
producto_punto = np.dot(vector_a, vector_b)

print("El producto punto de los vectores es:", producto_punto)
```

En este código, 'a1', 'a2,' 'a3'representan las componentes del primer vector, y 'b1,' 'b2,' 'b3'las del segundo. La función 'np.dot()'de NumPy toma dos vectores como argumentos y devuelve su producto punto.
Por ejemplo, si quieres sumar los vectores $v = (1,2,3)$ y $w = (4,5,6)$, el código sería:

```
import numpy as np

vector_a = np.array([1, 2, 3])
vector_b = np.array([4, 5, 6])

producto_punto = np.dot(vector_a, vector_b)

print("El producto punto de los vectores es:", producto_punto)
```

Esto imprimirá:

El producto punto de los vectores es: **32**

Esta es una manera simple y eficiente de calcular el producto punto entre dos vectores en Python utilizando NumPy.

Definición 1.2.4. Sea $\vec{a} = (a_1, a_2, \ldots, a_n) \in \mathbb{R}^n$. Se define la **norma euclideana** de $\vec{a}$ por:

$$||\vec{a}|| = \sqrt{\langle \vec{a}, \vec{b} \rangle} = [a_1^2 + a_2^2 \ldots + a_n^2]^{1/2} = \left[\sum_{i=1}^{n} a_i^2 \right]^{1/2}.$$

En el caso de $\mathbb{R}^2$

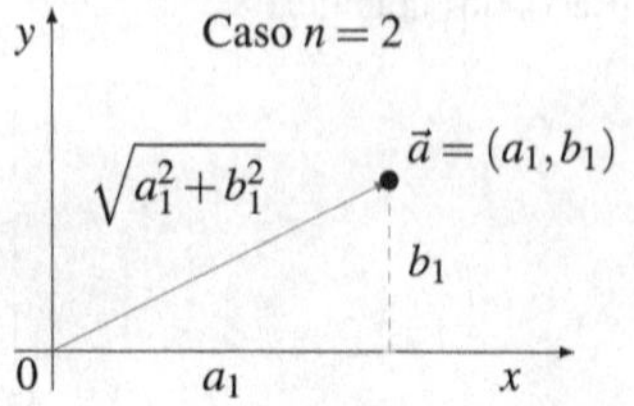

y $\mathbb{R}^3$ se ve respectivamente como

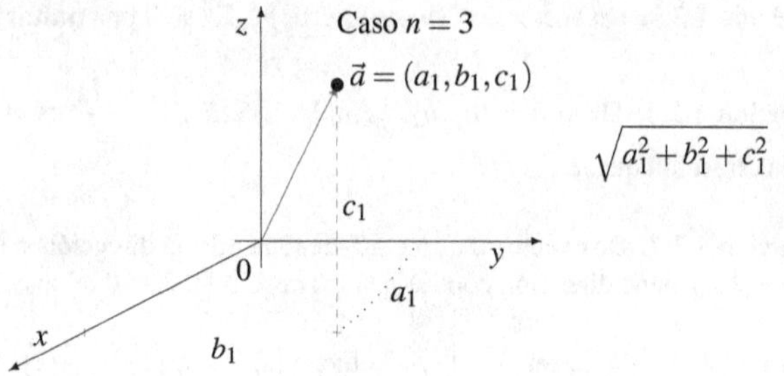

Veamos los siguientes ejemplos

Ejemplo 31. Si $n = 2$, sea $\vec{a} = (-1, 3)$ luego $||\vec{a}|| = \sqrt{(-1)^2 + (3)^2} = \sqrt{1+9} = \sqrt{10}$.

Ejemplo 32. Si $n = 4$, sea $\vec{a} = (-3, 2, 4, 2)$, luego $||\vec{a}|| = \sqrt{(-3)^2 + 2^2 + 4^2 + 2^2} = \sqrt{9+4+16+4} = \sqrt{33}$.

Ejemplo 33. Calcule la norma del vector $\vec{a} = (3, 4)$.

Demostración. $||\vec{a}|| = \sqrt{3^2+4^2} = \sqrt{9+16} = \sqrt{25} = 5.$

Observación 2. *Sean* $\vec{a} = (a_1, a_2, a_3)$ *y* $\vec{b} = (b_1, b_2, b_3) \in \mathbb{R}^3$*. Obtengamos el ángulo que forman. Por la ley de los cosenos*

$$||\vec{a}-\vec{b}||^2 = ||\vec{a}||^2 + ||\vec{b}||^2 - 2||\vec{a}||||\vec{b}||\cos\theta.$$

$$\cos\theta = \frac{||\vec{a}||^2 + ||\vec{b}||^2 - ||\vec{a}-\vec{b}||^2}{2||\vec{a}||||\vec{b}||} = \frac{\langle\vec{a},\vec{b}\rangle}{2||\vec{a}||||\vec{b}||}.$$

Observamos la gráfica

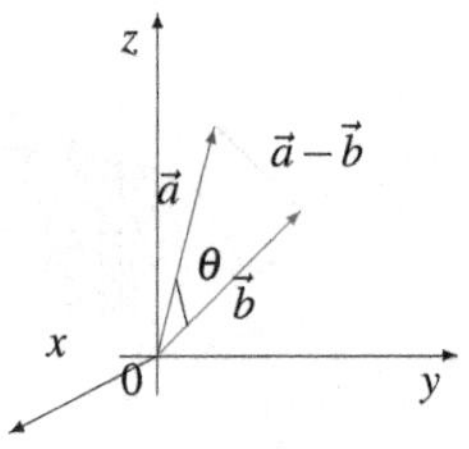

Definición 1.2.5. Un vector $\vec{u} = (u_1, u_2, \ldots, u_n) \in \mathbb{R}^n$ se llama **unitario** si $||\vec{u}|| = 1$.

Definición 1.2.6. Dado $\vec{a} = (a_1, a_2, \ldots, a_n) \in \mathbb{R}^n$, $\vec{a} \neq \vec{0}$, $\dfrac{\vec{a}}{||\vec{a}||}$ es el vector unitario con la misma dirección que $\vec{a}$.

Definición 1.2.7. Dos vectores $\vec{a}, \vec{b} \in \mathbb{R}^n$ tiene la misma dirección si existe $\lambda \in \mathbb{R}$, $\lambda > 0$ tal que $\vec{a} = \lambda\vec{b}$ y tiene dirección contraria si existe $\lambda \in \mathbb{R}$, $\lambda < 0$ tal que $\vec{a} = \lambda\vec{b}$.

Ejemplo 34. Si $n = 2$, sea $\vec{a} = (1, -3)$ luego $||\vec{a}|| = \sqrt{(1)^2 + (-3)^2} = \sqrt{1+9} = \sqrt{10}$, $\vec{u} = \dfrac{1}{||\vec{a}||}\vec{a} = \left(\dfrac{1}{\sqrt{10}}, \dfrac{-3}{\sqrt{10}}\right)$ es el vector unitario en la dirección de $\vec{a}$.

Ejemplo 35. Si $n = 4$, sea $\vec{a} = (3, -2, 4, -2)$, luego $||\vec{a}|| = \sqrt{3^2 + (-2)^2 + 4^2 + (-2)^2} = \sqrt{9+4+16+4} = \sqrt{33}$, $\vec{u} = \dfrac{1}{||\vec{a}||}\vec{a} = \left(\dfrac{3}{\sqrt{33}}, \dfrac{-2}{\sqrt{33}}, \dfrac{4}{\sqrt{33}}, \dfrac{-2}{\sqrt{33}}\right)$ es el vector unitario en la dirección de $\vec{a}$.

1.3. Propiedades de la Norma y el Producto Interno

Norma de un Vector: Ahora imagina que tienes un palo de medir mágico que puede estirarse o encogerse. Este palo mágico puede medir cosas como qué tan rápido corre un perro o qué tan fuerte sopla el viento. La norma de un vector es como usar este palo mágico para medir qué tan "largo"es el vector, lo que en realidad nos dice qué tan fuerte o rápido es algo. Por ejemplo, si mides qué tan rápido corre el perro, una norma grande significa que el perro corre muy rápido. En la vida real, medir cosas como velocidades y fuerzas es muy importante, por ejemplo, para saber qué tan rápido debe ir un automóvil o qué tan fuerte debe ser un motor. **Producto Interno de un Vector**: Imagina que estás jugando con dos linternas en un cuarto oscuro. Cada linterna apunta en una dirección diferente y tiene un color distinto. El producto interno de los vectores es como si nos dijera qué tan "parecidas"son las direcciones de las dos linternas. Si las linternas apuntan exactamente en la misma dirección, es como si estuvieran muy relacionadas. Pero si apuntan en direcciones totalmente diferentes, es como si no tuvieran nada en común. En la vida real, entender cómo se relacionan dos cosas en cuanto a dirección puede ayudarnos en cosas como navegar con un barco o un avión, asegurándonos de que vamos en la dirección correcta.

La norma y el producto interno de un vector son herramientas matemáticas que nos ayudan a entender y comparar cosas que tienen dirección y magnitud, como velocidades, fuerzas o incluso sonidos, en el mundo a nuestro alrededor.

A continuación demostraremos las propiedades más importantes de la norma Euclideana y del producto interno, resultados que nos serán de mucha importancia para todo el desarrollo de este trabajo.

Teorema 1.2. *Sean* $\vec{a}=(a_1,a_2,\ldots,a_n)$, $\vec{b}=(b_1,b_2,\ldots,b_n)$, $\vec{c}=(c_1,c_2,\ldots,c_n)\in\mathbb{R}^n$, *y sea* $\lambda\in\mathbb{R}$ *entonces:*

i) $\langle\vec{a},\vec{b}\rangle=\langle\vec{b},\vec{a}\rangle$.

ii) $\langle\vec{a},\vec{b}+\vec{c}\rangle=\langle\vec{a},\vec{b}\rangle+\langle\vec{a},\vec{c}\rangle$.

iii) $\langle\lambda\vec{a},\vec{b}\rangle=\lambda\langle\vec{a},\vec{b}\rangle=\langle\vec{a},\lambda\vec{b}\rangle$.

iv) $\langle\vec{a},\vec{b}\rangle\geq 0$ *y* $\langle\vec{a},\vec{a}\rangle=0$ *si y sólo si* $\vec{a}=\vec{0}$.

Demostración. Veamos la demostración de $i)$, en efecto, sea $\langle\vec{a},\vec{b}\rangle=\vec{a}\cdot\vec{b}=\sum\limits_{i=1}^{n}a_ib_i=\sum\limits_{i=1}^{n}b_ia_i=\vec{b}\cdot\vec{a}=\langle\vec{b},\vec{a}\rangle$. Ahora demostremos $ii)$ $\langle\vec{a},\vec{b}+\vec{c}\rangle=\vec{a}\cdot(\vec{b}+\vec{c})=\sum\limits_{i=1}^{n}a_i(b_i+c_i)=\sum\limits_{i=1}^{n}(a_ib_i+a_ic_i)=\sum\limits_{i=1}^{n}(a_ib_i)+\sum\limits_{i=1}^{n}(a_ic_i)=\vec{a}\cdot\vec{b}+\vec{a}\cdot\vec{c}=\langle\vec{a},\vec{b}\rangle+\langle\vec{a},\vec{c}\rangle$. Ahora veamos la prueba de $iii)$

$\langle\lambda\vec{a},\vec{b}\rangle=(\lambda\vec{a})\cdot\vec{b}=\sum_{i=1}^{n}(\lambda a_i)b_i=\lambda(\sum_{i=1}^{n}a_ib_i)=\lambda(\vec{b}\cdot\vec{a})=\lambda(\langle\vec{b},\vec{a}\rangle)$. Ahora veamos, $\langle\vec{a},\lambda\vec{b}\rangle=\vec{a}\cdot(\lambda\vec{b})=\sum_{i=1}^{n}a_i(\lambda b_i)=\lambda(\sum_{i=1}^{n}a_ib_i)=\lambda(\vec{b}\cdot\vec{a})=\lambda(\langle\vec{b},\vec{a}\rangle)$. Por último, sea $\langle\vec{a},\vec{a}\rangle=\vec{a}\cdot\vec{a}=\vec{a}^2=\sum_{i=1}^{n}a_i^2\geq 0$, ahora $\langle\vec{a},\vec{a}\rangle=0$ si y sólo si $\sum_{i=1}^{n}a_i^2=0$ si y sólo si $a_i^2=0$ para $i=1,\ldots,n$ si y sólo si $\vec{a}=\vec{0}$.

Teorema 1.3. *Sean $\vec{a}=(a_1,a_2,\ldots,a_n)\in\mathbb{R}^n$, y sea $\lambda\in\mathbb{R}$ entonces:*

i) $||\vec{a}||\geq 0$ *y* $||\vec{a}||=0$ *si y sólo si* $\vec{a}=\vec{0}$.

ii) $||\lambda\vec{a}||=|\lambda|||\vec{a}||$.

Demostración. Veamos *i)* en efecto, sea $||\vec{a}||=\sqrt{\langle\vec{a},\vec{a}\rangle}\geq 0$. $||\vec{a}||=0$ si y sólo si $||\vec{a}||^2=0=\langle\vec{a},\vec{a}\rangle$ si y sólo si $\vec{a}=\vec{0}$. Por último veamos la prueba de *ii)* $||\lambda\vec{a}||=\sqrt{\langle\lambda\vec{a},\lambda\vec{a}\rangle}=[(\lambda)^2(a_1^2+a_2^2+\cdots+a_n^2)]^{1/2}=[(\lambda)^2\langle\vec{a},\vec{a}\rangle]^{1/2}=|\lambda|[\langle\vec{a},\vec{a}\rangle]^{1/2}=|\lambda|||\vec{a}||$.

Teorema 1.4. *Sean $\vec{u}$ y $\vec{v}$ dos vectores en $\mathbb{R}^3$ y sea el ángulo θ donde $0\leq\theta\leq\pi$, el ángulo que forman*

entonces $\vec{u}\cdot\vec{v}=||\vec{u}||||\vec{v}||\cos\theta$.

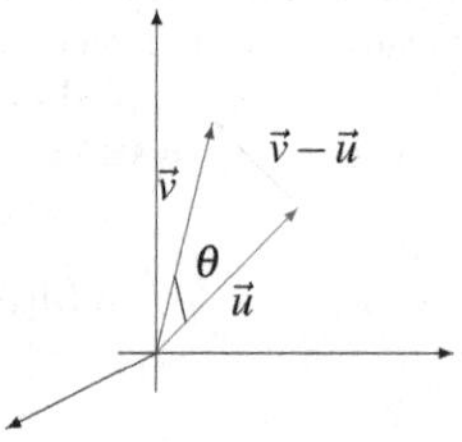

Demostración. Por la ley de los senos tenemos

$$||\vec{u}-\vec{v}||^2=||\vec{u}||^2+||\vec{v}||^2-2||\vec{u}||||\vec{v}||\cos\theta \tag{1.1}$$

pero sabemos que

$$||\vec{u}-\vec{v}||^2=\langle\vec{u}-\vec{v},\vec{u}-\vec{v}\rangle=||\vec{u}||^2-2\langle\vec{u},\vec{v}\rangle+||\vec{v}||^2. \tag{1.2}$$

Tenemos que

$$||\vec{u}||^2+||\vec{v}||^2-2||\vec{u}||||\vec{v}||\cos\theta=||\vec{u}||^2-2\langle\vec{u},\vec{v}\rangle+||\vec{v}||^2.$$

Entonces $||\vec{u}||||\vec{v}||\cos\theta=\langle\vec{u},\vec{v}\rangle$.

Nota 1.3.1. Se deduce de la identidad $\vec{u}\cdot\vec{v} = ||\vec{u}||||\vec{v}||\cos\theta$ que si el vector $\vec{u}$ y el vector $\vec{v}$ son distintos de 0, podemos expresar el ángulo que forman como

$$\theta = \cos^{-1}\left(\frac{\vec{u}\cdot\vec{v}}{||\vec{u}||||\vec{v}||}\right).$$

Imagina que estás en un parque con un frisbee. Cuando lanzas el frisbee a un amigo, puedes lanzarlo en diferentes direcciones: directamente a tu amigo, un poco hacia la izquierda, hacia la derecha, más alto o más bajo. El ángulo del frisbee, es decir, la dirección en la que lo lanzas, es como el ángulo de un vector en matemáticas.

Corolario 1.5. *Si θ es el ángulo entre los vector no nulos $\vec{u}$ y $\vec{v}$, entonces*

$$\cos\theta = \left(\frac{\vec{u}\cdot\vec{v}}{||\vec{u}||||\vec{v}||}\right).$$

Demostración. Se deja como ejercicio al lector.

Ejemplo 36. Hallar el ángulo entre los vectores $\hat{\imath}+\hat{\jmath}+\hat{k}$ e $\hat{\imath}+\hat{\jmath}-\hat{k}$.

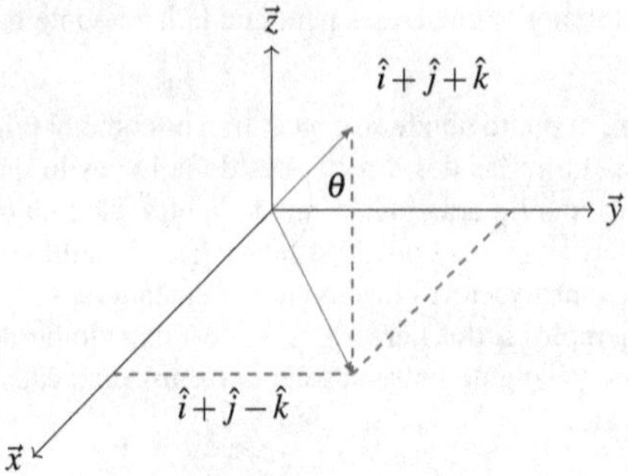

Tenemos

$$(\hat{\imath}+\hat{\jmath}+\hat{k})\cdot(\hat{\imath}+\hat{\jmath}-\hat{k}) = ||\hat{\imath}+\hat{\jmath}+\hat{k}||||\hat{\imath}+\hat{\jmath}-\hat{k}||\cos\theta$$

$$1+1-1 = (\sqrt{3})(\sqrt{3})\cos\theta$$

$$\cos\theta = \frac{1}{3}$$

$$\theta = \cos-1\left(\frac{1}{3}\right).$$

El ángulo del vector te dice en qué dirección algo está apuntando o moviéndose. Por ejemplo: **Jugar con una Cometa**: Imagina que estás volando una cometa. Puedes hacer que la cometa se mueva más hacia la izquierda, la derecha, más cerca del suelo o más alto en el cielo. El ángulo de la cuerda de la cometa con respecto al suelo te indica la dirección en la que estás volando la cometa. Este ángulo es como el ángulo de un vector: te muestra en qué dirección estás aplicando la fuerza y hacia dónde se mueve la cometa.

Si lanzas el frisbee directamente a tu amigo, es como si el ángulo fuera de 0 grados, porque va directo hacia él.

Si lanzas el frisbee hacia arriba en un ángulo, es como si estuvieras cambiando el ángulo del vector. Esto podría ser un ángulo de 45 grados, por ejemplo. En la vida real, conocer el ángulo de un vector nos ayuda a entender en qué dirección se mueven las cosas o hacia dónde apuntan. Esto es muy útil en deportes, como saber en qué dirección patear un balón de fútbol, o en la navegación, como cuando un barco o un avión necesita ir en una dirección específica. Los ángulos de los vectores nos dan información importante sobre la dirección en muchas situaciones diferentes. Imagina que tienes una linterna y la enciendes apuntando hacia el frente en un cuarto oscuro; la luz va directo y crea una línea recta. Esa línea recta es como un vector; es una dirección que nos dice hacia dónde va algo, en este caso, la luz. Ahora, si tienes otra linterna y la enciendes para que la luz apunte hacia un lugar diferente, también tienes otro vector.

Si ambas luces se cruzan, el punto donde se encuentran es como el inicio de los dos vectores, y el ángulo que se forma entre las dos direcciones de la luz es lo que llamamos un ángulo entre vectores. Si mueves una linterna más cerca de la otra, el ángulo se hace más pequeño, como cuando abres y cierras unas tijeras. Y si las alejas, el ángulo se hace más grande. En la vida real, los ángulos entre vectores nos ayudan a entender cómo se mueven las cosas y en qué dirección. Por ejemplo, si dos personas están caminando desde el mismo punto pero en direcciones diferentes, el ángulo entre sus caminos nos dice cuán separados van a estar después de caminar un rato.

Nota 1.3.2. La representación de $\mathbb{R}^3$ del vector $\hat{\imath}+\hat{\jmath}+\hat{k}$ es

$$\begin{aligned}\hat{\imath}\cdot 1+\hat{\jmath}\cdot 1+\hat{k}\cdot 1 &= (1,0,0)\cdot 1+(0,1,0)\cdot 1+(0,0,1)\cdot 1\\ &= (1\cdot 1,0,0)+(0,1\cdot 1,0)+(0,0,1\cdot 1)\\ &= (1,0,0)+(0,1,0)+(0,0,1)=(1,1,1).\end{aligned}$$

Análogamente, la representación de $\mathbb{R}^3$ del vector $\hat{\imath}+\hat{\jmath}-\hat{k}$ es

$$\begin{aligned}\hat{\imath}\cdot 1+\hat{\jmath}\cdot 1-\hat{k}\cdot 1 &= (1,0,0)\cdot 1+(0,1,0)\cdot 1+(0,0,1)\cdot(-1)\\ &= (1\cdot 1,0,0)+(0,1\cdot 1,0)+(0,0,1\cdot(-1))\\ &= (1,0,0)+(0,1,0)+(0,0,-1)=(1,1,-1).\end{aligned}$$

Experimentos Cotidianos: Si tienen acceso a un jardín o parque, pueden experimentar con esto en el mundo real. Caminar en una dirección y luego cambiar a otra dirección puede ser una manera física de experimentar y entender los ángulos entre vectores.
Uso de Movimiento Corporal: Pide a una persona que se ponga de pie y mire en una dirección (por ejemplo, hacia una pared). Esto representa un vector: él está "apuntando"en una dirección. Luego, pídele que gire lentamente hacia otra dirección. Mientras gira, el ángulo entre su posición inicial y final representa el ángulo entre dos vectores. Puedes usar un compás o simplemente estimar el ángulo con la mano para hacerlo más interactivo.

Ejemplo 37. Calcular el ángulo entre los vectores: $\vec{u}=(5,-3,2)$ y $\vec{v}=(-2,1,3)$

Demostración. El producto escalar de los vectores es

$$\vec{u}\cdot\vec{v}=-10-3+6=-7.$$

entonces como

$$\cos(\theta)=\frac{\vec{u}\cdot\vec{v}}{\|\vec{u}\|\,\|\vec{v}\|}=\frac{-7}{23.06}=-0.30,$$

de lo cual se sigue que el ángulo θ entre los vectores $\vec{u}$ y $\vec{v}$ es $\theta=107.67^\circ$.

Corolario 1.6 (Desigualdad de Cauchy-Schwarz). *Para cualquier par de vectores $\vec{u}$ y $\vec{v}$. Se tiene $|\vec{u}\cdot\vec{v}|\leq||\vec{u}||||\vec{v}||$ donde la igualdad se satisface si y sólo si $\vec{u}$ es multiplo escalar de $\vec{v}$ o alguno de ellos es cero.*

Demostración. Se deja como ejercicio al lector.

Al producto punto $\vec{u}\cdot\vec{v}$ se le puede dar una interpretación geométrica en términos del ángulo θ entre $\vec{u}$ y $\vec{v}$, que se define como el ángulo entre las representaciones de $\vec{u}$ y $\vec{v}$ que empieza en el origen, donde $0\leq\theta\leq\pi$. Note que si el $\vec{u}$ y $\vec{v}$ son vectores paralelos, entonces el ángulo $\theta=0$ o $\theta=\pi$.

Corolario 1.7. *Sea $|\langle\vec{a},\vec{b}\rangle|=||\vec{a}||||\vec{b}||$ si y sólo si $\vec{a}=\vec{b}$, son linealmente dependientes.*

Demostración. Se deja como ejercicio al lector.

Teorema 1.8 (Desigualdad del triángulo). *Sean $\vec{a}$, $\vec{b}\in\mathbb{R}^n$, entonces*

$$||\vec{a}+\vec{b}|| \leq ||\vec{a}||+||\vec{b}||.$$

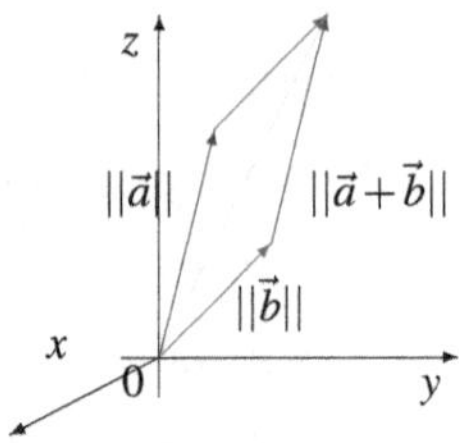

Demostración. Se deja como ejercicio al lector.

Definición 1.3.1. Sean $\vec{a}, \vec{b} \in \mathbb{R}^n$. Se define la **distancia euclideana** entre $\vec{a}$ y $\vec{b}$ por: distancia entre $\vec{a}$ y $\vec{b}$ es igual a $d(\vec{a},\vec{b}) = ||\vec{a}-\vec{b}||$.

Ejemplo 38. Si $\vec{a} = (1,-3)$ y $\vec{b} = (7,3)$, Calcule la distancia entre los vectores $\vec{a}$ y $\vec{b}$:

Demostración.
$$\begin{aligned} d(\vec{a},\vec{b}) &= ||\vec{a}-\vec{b}|| = \sqrt{(-6)^2+(-6)^2} = \sqrt{72} \\ &= \sqrt{(9)(8)} = \sqrt{(9)}\sqrt{(8)} = 3\sqrt{8}. \end{aligned}$$

Esta distancia cumple todas las propiedades geómetricas a las que estamos acostumbrados, como la prueba el siguiente:

Teorema 1.9. *Sean* $\vec{a} = (a_1,a_2,\ldots,a_n)$, $\vec{b} = (b_1,b_2,\ldots,b_n)$, $\vec{c} = (c_1,c_2,\ldots,c_n) \in \mathbb{R}^n$, *entonces:*

i) $d(\vec{a},\vec{b}) = d(\vec{b},\vec{a})$.

ii) $d(\vec{a},\vec{b}) \geq 0$.

iii) $d(\vec{a},\vec{b}) = 0$ *si y sólo si* $\vec{a} = \vec{b}$.

iv) $d(\vec{a},\vec{b}) \leq d(\vec{a},\vec{c}) + d(\vec{c},\vec{b})$. *Desigualdad del triángulo.*

Demostración. Veamos la demostración de

i) $d(\vec{a},\vec{b}) = ||\vec{a}-\vec{b}|| = ||-(-\vec{a}+\vec{b})|| = ||\vec{b}-\vec{a}|| = d(\vec{b},\vec{a})$.

ii) $d(\vec{a},\vec{b}) = ||\vec{a}-\vec{b}|| \geq 0$.

iii) $d(\vec{a},\vec{b}) = 0$ si y sólo si $||\vec{a}-\vec{b}|| = 0$ si y sólo si $\vec{a}-\vec{b} = 0$ si y sólo si $\vec{a} = \vec{b}$.

iv) $d(\vec{a},\vec{b}) = ||\vec{a}-\vec{b}|| = ||\vec{a}-\vec{c}+\vec{c}-\vec{b}|| \leq ||\vec{a}-\vec{c}|| + ||\vec{c}-\vec{b}|| = d(\vec{a},\vec{c}) + d(\vec{c},\vec{b})$.

Esto nos da una justificación de la definición de perpendicularidad.

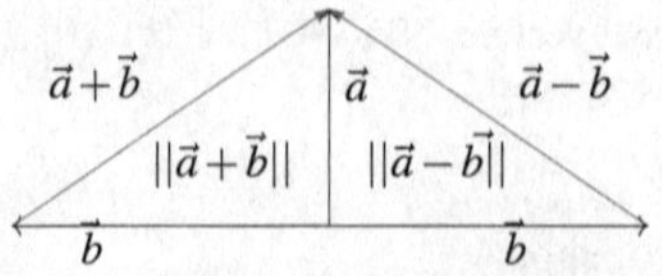

Dados 2 vectores $\vec{a},\vec{b}$ la condición $||\vec{a}+\vec{b}|| = ||\vec{a}-\vec{b}||$ coincide con la propiedad geométrica de que $\vec{a}$ sea perpendicular a $\vec{b}$.

Por otro lado tendremos: $||\vec{a}-\vec{b}|| = ||\vec{a}+\vec{b}||$ si y sólo si $\langle \vec{a}-\vec{b}, \vec{a}-\vec{b}\rangle = ||\vec{a}-\vec{b}||^2 = ||\vec{a}+\vec{b}||^2 = \langle \vec{a}+\vec{b}, \vec{a}+\vec{b}\rangle$ si y sólo si $||\vec{a}||^2 + ||\vec{b}||^2 - 2\langle \vec{a},\vec{b}\rangle = ||\vec{a}||^2 + ||\vec{b}||^2 + 2\langle \vec{a},\vec{b}\rangle$ si y sólo si $4\langle \vec{a},\vec{b}\rangle = 0$ si y sólo si $\langle \vec{a},\vec{b}\rangle = 0$.
Usando la noción de perpendicularidad derivamos la noción de proyección como muestra la figura:

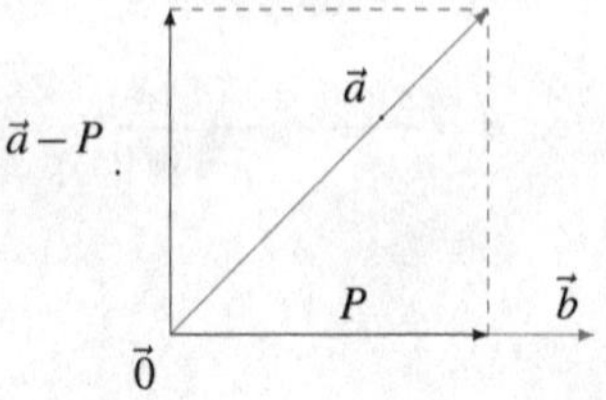

Sean $\vec{a}$ y $\vec{b}$ dos vectores en $\mathbb{R}^n$, $\vec{b} \neq \vec{0}$. Queremos definir la proyección de $\vec{a}$ a lo largo de $\vec{b}$, el cual será el vector P que aparece en la figura. Se tiene que $P = \lambda\vec{b}$ y $\vec{a}-P$ es perpendicular a $\vec{b}$ ($\lambda \in \mathbb{R}$).

Por lo tanto

$$\langle \vec{a}-P, \vec{b}\rangle = \langle \vec{a}-\lambda\vec{b}, \vec{b}\rangle = \langle \vec{a},\vec{b}\rangle - \lambda\langle \vec{b},\vec{b}\rangle,$$

entonces

$$\lambda = \frac{\langle \vec{a},\vec{b}\rangle}{||\vec{b}||^2}.$$

Donde λ se llama **la componente de $\vec{a}$, a lo largo de** $\vec{b}$ y $P = \lambda\vec{b}$ se llama la **proyección de $\vec{a}$, a lo largo de $\vec{b}$.**

Ejemplo 39. Sean $\vec{a} = (1,2,-3)$ y $\vec{b} = (1,1,2)$, entonces la componente de $\vec{a}$ a lo largo de $\vec{b}$ es

$$\lambda = \frac{\langle \vec{a},\vec{b}\rangle}{||\vec{b}||^2} = \frac{1+2-6}{1+1+4} = -\frac{3}{6} = -\frac{1}{2}$$

y la proyección de $\vec{a}$ a lo largo de $\vec{b}$ será:

$$P = \lambda\vec{b} = \left(-\frac{1}{2}, -\frac{1}{2}, -1\right).$$

Aprovechamos lo anterior para definir el ángulo entre 2 vectores. Dados $\vec{a},\vec{b} \in \mathbb{R}^n\backslash\{0\}$, por la desigualdad de Schwarz se tiene:

$$\left|\frac{\langle\vec{a},\vec{b}\rangle}{||\vec{a}||||\vec{b}||}\right| \leq 1 \quad \text{ó} \quad -1 \leq \frac{\langle\vec{a},\vec{b}\rangle}{||\vec{a}||||\vec{b}||} \leq 1$$

por lo tanto: existe un único $\theta \in [0,\pi]$ tal que $\cos\theta = \dfrac{\langle\vec{a},\vec{b}\rangle}{||\vec{a}||||\vec{b}||}$. Donde θ se llama el **ángulo que forman los vectores** $\vec{a}$ **y** $\vec{b}$.
Geométricamente se tendrá:

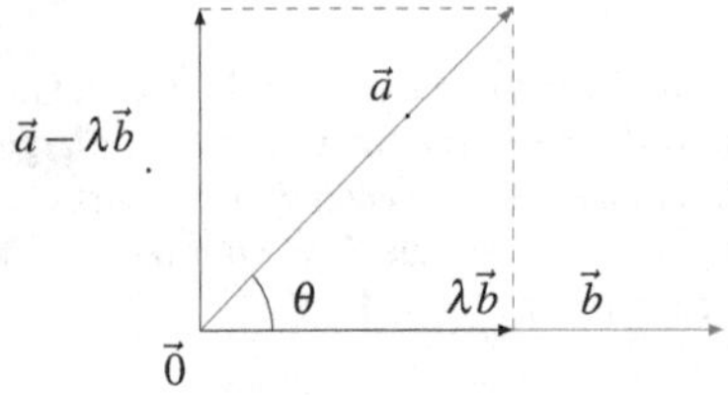

θ ángulo entre $\vec{a}$ y $\vec{b}$:

$$\cos\theta = \frac{\lambda||\vec{b}||}{\vec{a}} = \frac{\langle\vec{a},\vec{b}\rangle}{||\vec{a}||||\vec{b}||}.$$

Imagina que estás jugando a las flechas con una diana. Cuando lanzas una flecha, puedes apuntar a diferentes partes de la diana: hacia arriba, hacia abajo, a la izquierda o a la derecha. El ángulo en el que sostienes y lanzas la flecha determina hacia qué parte de la diana se dirige. Este ángulo es como el ángulo de un vector en matemáticas.
En la vida real, saber el ángulo en que lanzamos algo nos ayuda a dirigirlo exactamente a donde queremos. Por ejemplo, en el juego de las flechas, si quieres dar en el centro de la diana, necesitas ajustar el ángulo de tu lanzamiento para que la flecha vaya directamente hacia el centro. Este concepto es similar a cómo los ángulos de los vectores nos indican la dirección en la que algo está apuntando o moviéndose, y es muy útil en deportes, juegos, y muchas otras situaciones.
Usando una Regadera de Jardín: Cuando riegas las plantas con una regadera, puedes apuntar el chorro de agua en diferentes direcciones: hacia abajo para regar las flores cercanas, o en un ángulo más alto para alcanzar plantas que están más lejos. El ángulo al que sostienes la regadera determina la dirección del agua. Este ángulo es como el de un vector y te ayuda a dirigir el agua exactamente donde la necesitas.
Jugando al Fútbol: Cuando juegas al fútbol y pateas el balón, el ángulo en que pateas determina hacia dónde irá el balón. Un ángulo bajo puede enviar el balón rodando por el suelo directamente hacia la portería, mientras que un ángulo más alto puede hacer que el balón vuele por el aire hacia un compañero de equipo. Al igual que en los vectores, este ángulo es

crucial para controlar la dirección del balón. Estos ejemplos del mundo real ayudan a entender cómo los ángulos de los vectores se usan en nuestra vida diaria para describir y controlar la dirección en la que se mueven o apuntan las cosas.
Terminamos esta sección con un resultado muy útil.

Teorema 1.10. *Sea $\vec{a} = (a_1, \ldots, a_n) \in \mathbb{R}^n$. Entonces:*

$$|a_i| \leq ||\vec{a}|| \leq \sqrt{n}\sup\{|a_i|, |a_2|, \ldots, |a_n|\}, i = 1, 2, \ldots, n.$$

Demostración. Tenemos que $|a_i| = \sqrt{a_1^2} \leq \sqrt{a_1^2 + a_2^2 + \cdots + a_n^2} = ||\vec{a}||, i = 1, 2, \ldots, n.$
Sea $M = \sup\{|a_i|, \ldots, |a_n|\}$ entonces $|a_i| \leq M, i = 1, 2, \ldots, n$

$$||\vec{a}||^2 = a_1^2 + \cdots + a_n^2 \leq M^2 + \cdots + M^2 = nM^2$$

entonces $||\vec{a}|| \leq \sqrt{n}M$.

1.4. Normas y Métricas en $\mathbb{R}^n$

Una norma en espacios vectoriales es una función que asigna a cada vector del espacio un número real no negativo, que intuitivamente representa la "longitud"o "magnitud"del vector. La norma de un vector se denota generalmente como $\mathcal{N}(\vec{x})$. Para que una función sea considerada una norma, debe cumplir con las siguientes propiedades: Generalizaremos en esta sección los conceptos de norma y distancia entre puntos de $\mathbb{R}^n$.

Definición 1.4.1. Una **norma** sobre $\mathbb{R}^n$ es una función $\mathcal{N} : \mathbb{R}^n \to \mathbb{R}^n$ que satisface las siguientes propiedades:

(i) $\mathcal{N}(\vec{x}) \geq 0$ para todo $\vec{x} \in \mathbb{R}^n$.

(ii) $\mathcal{N}(a\vec{x}) = |a|\mathcal{N}(\vec{x})$.

(iii) $\mathcal{N}(\vec{x}) = 0$ si y sólo si $\vec{x} = 0$.

(iv) $\mathcal{N}(\vec{x} + \vec{y}) \leq \mathcal{N}(\vec{x}) + \mathcal{N}(\vec{y})$ para todo $\vec{x}$, $\vec{y} \in \mathbb{R}^n$.(Desigualdad del triángulo)

Como consecuencia de *ii*) se tendrá $\mathcal{N}(-\vec{x}) = \mathcal{N}(\vec{x})$ para todo $\vec{x} \in \mathbb{R}^n$. De *iii*) se sigue la muy importante desigualdad: $|\mathcal{N}(\vec{x}) - \mathcal{N}(\vec{y})| \leq \mathcal{N}(\vec{x} - \vec{y})$ para todo $\vec{x}, \vec{y} \in \mathbb{R}^n$). En efecto:

$$\mathcal{N}(\vec{x}) = \mathcal{N}(\vec{x} - \vec{y} + \vec{y}) \leq \mathcal{N}(\vec{x} - \vec{y}) + \mathcal{N}(\vec{y})$$

$$\mathcal{N}(\vec{y}) = \mathcal{N}(\vec{y} - \vec{x} + \vec{x}) \leq \mathcal{N}(\vec{y} - \vec{x}) + \mathcal{N}(\vec{x}) = \mathcal{N}(\vec{x} - \vec{y}) + \mathcal{N}(\vec{x})$$

$$=> \mathcal{N}(\vec{x}) - \mathcal{N}(\vec{y}) \leq \mathcal{N}(\vec{x}-\vec{y}) y \mathcal{N}(\vec{y} - \mathcal{N}(\vec{x}) \leq \mathcal{N}(\vec{x}-\vec{y})$$
$$=> |\mathcal{N}(\vec{x}) - \mathcal{N}(\vec{y})| \leq \mathcal{N}(\vec{x}-\vec{y}).$$

Aquí tienes algunos ejemplos de aplicaciones de las normas en espacios vectoriales:
Navegación GPS: La norma euclidiana se utiliza para calcular la distancia más corta entre dos puntos en un espacio tridimensional, como la distancia entre tu ubicación actual y tu destino en un sistema de navegación GPS.
Procesamiento de imágenes: La norma de Frobenius se emplea para medir la diferencia entre dos imágenes, por ejemplo, en técnicas de compresión de imágenes o en la detección de cambios en imágenes secuenciales (como en videos de vigilancia).

Ejemplo 40. sea: $\vec{x} = (x_1, x_2, ..., x_n) \in \mathbb{R}^n$.

1. Damos la **norma uno** por: $\mathcal{N}(\vec{x}) = ||x||_1 = |x_1| + |x_2| + \cdots + |x_n| = \sum_{i=1}^{n} |x_i|$.

2. Ahora la **norma infinito** por: $\mathcal{N}(\vec{x}) = ||x||_\infty = \sup\{|x_1|, |x_2| \ldots, |x_n|\}$.

3. En general, sea $1 \leq p < \infty$. Se define la **norma** p sobre $\mathbb{R}^n$ por: $\mathcal{N}(\vec{x}) = ||x||_p = \left\{\sum_{i=1}^{n} |x_i|^p\right\}^{1/p}$, donde $\vec{x} = (x_1, x_2, ..., x_n)$. Se pueden verificar fácilmente las propiedades $(i), (ii)$ y (iii); sin embargo, la desigualdad $||(\vec{x}+\vec{y})||_p \leq ||\vec{x}||_p + ||\vec{y}||_p$ es difícil y se llama la **desigualdad de Minkowski**.

   con $p = 1$ se tiene la norma 1 y con $p = 2$ se tienen la norma eucladeana:

$$||\vec{x}||_2 = \left\{\sum_{i=1}^{n} x_i^2\right\}^{1/2} = \sqrt{x_1^2 + x_2^2 + ... + x_n^2}$$

   la última desigualdad probada en la sección anterior:
   $|\vec{x}_i| \leq ||\vec{x}|| \leq \sqrt{n} \sup(|\vec{x}_1|, ..., |\vec{x}_n|), 1 \leq i \leq n$ y $\vec{x} = (x_1, x_2, ..., x_n)$
   nos dice que:

$$||\vec{x}||_\infty \leq ||\vec{x}|| \leq \sqrt{n} ||\vec{x}||_\infty.$$

Análisis financiero: La norma 1 se utiliza para medir la variabilidad o el riesgo en carteras de inversión, sumando los valores absolutos de las desviaciones de los rendimientos de los activos respecto a su media.
Reconocimiento de voz: En el procesamiento de señales de audio, como en el reconocimiento de voz, se puede utilizar la norma 2 para medir la similitud entre dos señales de audio, comparando la distancia euclidiana entre sus vectores de características.

Optimización de rutas: La norma infinito puede aplicarse en la optimización de rutas de transporte, por ejemplo, para minimizar el tiempo de viaje más largo en una red de transporte público, asegurando que todas las rutas sean lo más cortas posible.
Análisis de redes sociales: La norma p (con p diferente de 1, 2 o infinito) puede utilizarse para analizar la estructura de las redes sociales, por ejemplo, para medir la centralidad de los nodos en una red, lo que puede indicar la importancia o influencia de una persona en la red.
Estos ejemplos muestran cómo las normas en espacios vectoriales se aplican en diversos contextos de la vida cotidiana, desde la navegación y el procesamiento de imágenes hasta el análisis financiero y de redes sociales.

Proposición 1.11. *Para $\vec{x} = (x_1, ..., x_n) \in \mathbb{R}^n$ y para todo $1 \leq p < \infty$ se tiene:*

$$||\vec{x}||_\infty \leq ||\vec{x}||_p \leq n^{1/p}||\vec{x}||_\infty.$$

Demostración. Se deja como ejercicio al lector.

Corolario 1.12. *Dado $\vec{x} \in \mathbb{R}^n$, $\lim\limits_{p\to\infty} ||\vec{x}||_p = ||\vec{x}||_\infty$.*

Demostración. Se deja como ejercicio al lector.

Teorema 1.13. *Sean $\mathcal{N}$ y $\mathcal{N}_1$ dos normas cualesquiera sobre $\mathbb{R}^n$. Entonces existen $a > 0, b > 0$ tales que $a\mathcal{N}(\vec{x}) \leq \mathcal{N}_1(\vec{x}) \leq b\mathcal{N}(\vec{x})$ para todo $x \in \mathbb{R}^n$.*

Demostración. Se deja como ejercicio al lector.

Definición 1.4.2. Una **métrica ó distancia** sobre $\mathbb{R}^n$ es una función $\rho : \mathbb{R}^n \longrightarrow \mathbb{R}$ que satisface:

(i) $\rho(\vec{x}, \vec{y}) \geq 0$ para todo $\vec{x}, \vec{y} \in \mathbb{R}^n$

(ii) $\rho(\vec{x}, \vec{y}) = 0$ si y sólo si $\vec{x} = \vec{y}$.

(iii) $\rho(\vec{x}, \vec{y}) = \rho(\vec{x}, \vec{y})$ para todo $\vec{x}, \vec{y} \in \mathbb{R}^n$.

(iv) $\rho(\vec{x}, \vec{y}) \leq \rho(\vec{x}, \vec{z}) + \rho(\vec{z}, \vec{y})$ para todo $\vec{x}, \vec{y}, \vec{z} \in \mathbb{R}^n$, (Desigualdad del triángulo).

Ejemplo 41. Sea $\mathcal{N}$ una norma sobre $\mathbb{R}^n$, entonces: $\rho(\vec{x}, \vec{y}) = \mathcal{N}(\vec{x} - \vec{y})$ es métrica sobre $\mathbb{R}^n$.

Ejemplo 42. sea $\rho(\vec{x}, \vec{y}) = \begin{cases} 1, & \text{si } \vec{x} \neq \vec{y} \\ 0, & \text{si } \vec{x} = \vec{y} \end{cases}$ entonces ρ es una métrica sobre $\mathbb{R}^n$.

A continuación analizaremos el significado de **cantidades vectoriales**.
Una de las teorías más fructíferas de las ciencias físico-matemáticas aplicadas en diversos campos ha sido el concepto de **vector**. Al estudio de los **vectores** se le conoce como **Análisis Vectorial** y se puede realizar en forma **geométrica o analítica**. Además de **cantidades escalares**, la ciencia y la ingeniería, se interesan profundamente en cantidades que contienen dos componentes de información: Su **magnitud** y su **dirección**. Las cantidades Físicas o Matemáticas que satisfacen estos requisitos reciben el nombre de **cantidades vectoriales** o simplemente **vectores**. En algunos textos, se dice que **toda cantidad física** que posee **magnitud** y **dirección** recibe el nombre de **cantidad vectorial** o **vector**. En otros textos, se dice que **toda cantidad física** que posee **magnitud**, **dirección** y **sentido** recibe el nombre de **cantidad vectorial** o **vector**. En inglés, la palabra **dirección** involucra al mismo tiempo los conceptos de **dirección** y **sentido** que se emplean en el idioma español. Cuando no se presentan ambigüedades utilizaremos sólo el término dirección, pero cuando sea necesario precisar algunas ideas, entonces empleamos dirección y sentido.
Geométricamente un **vector** se representa por medio de un **segmento de recta orientado**, esto es, por medio de una "**flecha**"de **longitud** igual a su **magnitud** en una escala adecuada, apuntando en la **dirección** apropiada. En otras palabras, podemos imaginar un **vector** como una "**flecha**"de origen en un punto cualquiera y extremo en otro punto. Para nuestros objetivos vamos a considerar que dichos **segmentos de recta orientados, flechas o vectores** comienzan en el origen. En algunas ocaciones hemos escuchado a los pilotos de aeronaves decir: Estamos en el **radio vector** de la pista de aterrizaje. Esto significa que el personal del aeropuerto sabe que los pilotos se refieren al **vector** que da la **distancia** y la **dirección** de la aeronave al centro de control. La **longitud** del vector es proporcional a la **magnitud** del vector. La **dirección** del vector es la dirección de a recta. La punta de la flecha indica el **sentido** del vector. Supongamos que una persona camina 20 metros en línea recta. Para alcanzarla no es suficiente con sólo conocer la distancia que recorrió, también es necesario conocer la dirección y el sentido de su recorrido. El **recorrido** o **desplazamiento** de esa persona se puede describir completamente por medio de una **cantidad vectorial** la cual posee **Magnitud** 20 metros. **Dirección** por ejemplo, 15° medidos desde el norte hacia el este, esto es, N 15° E. **Sentido** de izquierda a derecha. La **velocidad** es otro ejemplo de **cantidad vectorial**. La velocidad de un avión tiene **magnitud** (la rapidez del movimiento) y dirección (la que determina el curso del avión). Ejemplos de **cantidades vectoriales** son

Ejemplo 43. Desplazamiento

Ejemplo 44. Velocidad

Ejemplo 45. Aceleración

Ejemplo 46. Fuerza

Ejemplo 47. Momento

Ejemplo 48. Peso

Ejemplo 49. Ímpetu

Ejemplo 50. Intensidad de Campo Eléctrico

Ejemplo 51. Intensidad de Campo Magnético

Ejemplo 52. Densidad de corriente eléctrica

Ejemplo 53. Fuerza Centrífuga

Ejemplo 54. Esfuerzo Cortante

A lo largo de algunos textos a los **vectores** se les denota por medio de flechas encima de letras, nosotros usaremos el tipo de letra **negrita**, esto es, $\vec{a}$.
Según el concepto geométrico de un vector, podemos establecer que un **vector** es una cantidad física o matemática tal que cuando se asocia con un sistema de ejes cartesianos rectangulares puede representarse totalmente por escalares relacionados a su vez con los ejes.
Plano podemos asociar con cada vector $\vec{a}$ el punto (a_1,a_2) en el **plano** podemos asociar un vector $\vec{a}$. Por lo tanto

$$\vec{a} = (a_1,a_2).$$

Los **escalares** a_1,a_2 se conocen como **componentes del vector** $\vec{a}$. Del álgebra líneal sabemos

$$\begin{aligned}\vec{a} &= (a_1,a_2,a_3) = (a_1,0,0)+(0,a_2,0)+(0,0,a_3) = \\ &= a_1(1,0,0)+a_2(0,1,0)+a_3(0,0,1) = a_1\hat{\imath}+a_2\hat{\jmath}+a_3\hat{k},\end{aligned}$$

donde $\hat{\imath}$, $\hat{\jmath}$, $\hat{k}$ son los vectores unitarios.

1.5. Productos escalares de parejas de $\hat{\imath}$, $\hat{\jmath}$ y $\hat{k}$

Imagina que tienes un coche de juguete que puedes empujar para hacerlo mover. Ahora, piensa en el "escalar"como si fuera la fuerza con la que empujas el coche. Si empujas un poco, el coche se mueve un poco. Si empujas más fuerte, el coche se mueve más rápido y más lejos.
En matemáticas, cuando multiplicamos un vector (como la dirección y velocidad del coche) por un escalar (como qué tan fuerte empujas), estamos cambiando qué tan rápido y lejos se mueve el coche en la misma dirección. Por ejemplo:

Si el escalar es 2 y empujas el coche, es como si lo empujaras dos veces más fuerte. El coche se mueve en la misma dirección, pero ahora va dos veces más rápido y más lejos.

Si el escalar es $\frac{1}{2}$ y empujas el coche, es como si lo empujaras con la mitad de fuerza. El coche todavía se mueve en la misma dirección, pero va más lento y no llega tan lejos. Así que, en la vida real, multiplicar un vector por un escalar nos ayuda a entender cómo cosas como la velocidad o la fuerza pueden cambiar en magnitud (qué tan rápido o fuerte son) pero no en dirección. Esto es muy útil en situaciones como cuando pedaleas una bicicleta (pedalear más fuerte te hace ir más rápido en la misma dirección) o cuando ajustas el volumen de tu música (más alto o más bajo, pero la canción sigue siendo la misma).

Ajustando el Brillo de una Linterna: Imagina que tienes una linterna y puedes ajustar el brillo. Si giras el interruptor para aumentar el brillo, es como si estuvieras multiplicando la luz (el vector) por un número mayor (el escalar). La luz sigue apuntando en la misma dirección, pero ahora es más brillante. Si bajas el brillo, es como multiplicar la luz por un número menor, lo que hace que la luz sea menos brillante pero aún en la misma dirección.

Regando Plantas con una Manguera: Piensa en usar una manguera de jardín para regar las plantas. Si abres más el grifo, el agua sale con más fuerza. Aquí, estás aumentando la velocidad del agua (vector) al multiplicarla por un escalar mayor. Si cierras un poco el grifo, el agua sale con menos fuerza, lo que es como multiplicar la velocidad del agua por un escalar menor. En ambos casos, el agua sigue saliendo en la misma dirección, pero la fuerza con la que sale cambia. **Estirando o Encogiendo una Goma Elástica**: Si tienes una goma elástica y la estiras, estás aplicando una fuerza (escalar) que cambia la longitud (vector) de la goma. Cuanto más la estires, más estás multiplicando su longitud original. Si la sueltas un poco, la longitud se reduce, pero sigue siendo la misma goma elástica apuntando en la misma dirección. Estos ejemplos ayudan a entender cómo el producto de un escalar por un vector afecta las cosas en la vida real, cambiando su magnitud (como el brillo, la fuerza del agua, o la longitud de una goma elástica) sin cambiar la dirección en la que apuntan o se mueven.

Los **vectores unitarios** $\hat{\imath}$, $\hat{\jmath}$ y $\hat{k}$ son tales que el **producto escalar** de uno cualquiera por sí mismo es igual a la unidad, y el **producto escalar** de uno cualquiera de ellos por cualquier otro, es cero, puesto que estos vectores sonada uno de magnitud unitaria y perpendicular entre sí. De esta manera

Observación 3.

$$\hat{\imath}\cdot\hat{\imath} = \hat{\jmath}\cdot\hat{\jmath} = \hat{k}\cdot\hat{k} = 1$$

$$\hat{\imath}\cdot\hat{\jmath} = \hat{\jmath}\cdot\hat{k} = \hat{k}\cdot\hat{\imath} = 0.$$

en efecto,

$$\hat{\imath}\cdot\hat{\imath} = (1,0,0)\cdot(1,0,0) = (1)(1)+(0)(0)+(0)(0) = 1+0+0 = 1.$$

$$\hat{\jmath}\cdot\hat{\jmath} = (0,1,0)\cdot(0,1,0) = (0)(0)+(1)(1)+(0)(0) = 0+1+0 = 1.$$

$$\hat{k}\cdot\hat{k} = (0,0,1)\cdot(0,0,1) = (0)(0)+(0)(0)+(1)(1) = 0+0+1 = 1.$$

$$\hat{\imath}\cdot\hat{\jmath} = (1,0,0)\cdot(0,1,0) = (1)(0)+(0)(1)+(0)(0) = 0+0+0 = 0.$$

$$\hat{\imath}\cdot\hat{k} = (1,0,0)\cdot(0,0,1) = (1)(0)+(0)(0)+(0)(1) = 0+0+0 = 0.$$

$$\hat{\jmath}\cdot\hat{k} = (0,1,0)\cdot(0,0,1) = (0)(0)+(1)(0)+(0)(1) = 0+0+0 = 0.$$

La siguiente tabla nos muestra lo anterior de una forma más simple

$\cdot$	$\hat{\imath}$	$\hat{\jmath}$	$\hat{k}$
$\hat{\imath}$	1	0	0
$\hat{\jmath}$	0	1	0
$\hat{k}$	0	0	1

Generalizando a un espacio de n dimensiones

$\cdot$	a_1	a_1	$\cdots$	a_n
a_1	1	0	$\cdots$	0
a_2	0	1	$\cdots$	0
$\vdots$	$\vdots$	$\vdots$	$\vdots$	$\vdots$
a_n	0	0	$\cdots$	1

En este último cuadro, hemos representado los **vectores unitarios** por medio de $a_1, a_2, \ldots, a_n$. Por otra parte, los cuadros anteriores vienen siendo matrices. Podemos introducir la **Delta de Kronecker**, cuyos índices i e j representa la i-fila y la j-columna, de la siguiente manera

$$a_i \cdot a_j = \delta_{ij}$$

donde

$$\delta_{ij} = \begin{cases} 1 & \text{si} \quad i = j \\ 0 & \text{si} \quad i \neq j \end{cases}$$

Empleando los productos escalares de pares de vectores unitarios y la ley distributiva, el producto escalar de los vectores

$$\vec{a} = a_1\hat{\imath} + a_2\hat{\jmath} + a_3\hat{k} \text{ y } \vec{b} = b_1\hat{\imath} + b_2\hat{\jmath} + b_3\hat{k}$$

multiplicando término a término obtenemos

$$\vec{a} \cdot \vec{b} = a_1b_1 + a_2b_2 + a_3b_3.$$

1.6. Componentes de vectores

Imagina que tienes un mapa del tesoro y estás buscando un tesoro escondido en el parque. El mapa te dice que debes moverte cierta cantidad de pasos hacia el norte y luego cierta cantidad de pasos hacia el este. Estos pasos hacia el norte y hacia el este son como las componentes de un vector.
En matemáticas, un vector nos dice en qué dirección y qué tan lejos debemos movernos. Las componentes de un vector son como las instrucciones específicas que nos dicen cuánto movernos en cada dirección.
Por ejemplo, si el mapa dice "mueve 10 pasos hacia el norte y luego 15 pasos hacia el este", entonces:
Los "10 pasos hacia el norte"son una componente del vector (digamos, la componente vertical). Los "15 pasos hacia el este"son otra componente del vector (la componente horizontal).
En la vida real, las componentes de un vector nos ayudan a entender movimientos o fuerzas que ocurren en más de una dirección. Por ejemplo:
Cuando juegas a un videojuego y mueves un personaje, lo haces moviéndolo hacia arriba/abajo (una componente) y hacia izquierda/derecha (otra componente). En deportes como el fútbol, cuando un jugador patea el balón, el balón se mueve en una dirección (hacia la portería) y a una altura (sobre el suelo), ambas son componentes del movimiento del balón. Así, las componentes de un vector son como las partes de un conjunto de instrucciones que nos dicen cómo llegar a un lugar o cómo se mueve algo en diferentes direcciones.

Cuidado las componentes no son vectores .

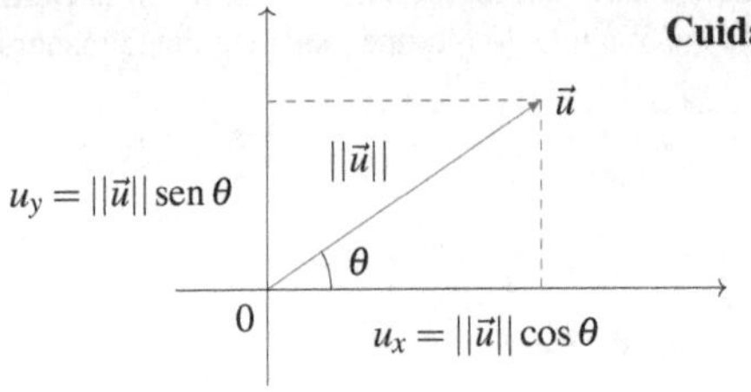

Las componentes u_x y u_y de un vector $\vec{u}$ son tan sólo números: **no son vectores**. Las componentes de un vector pueden ser números positivos o negativos.

$\vec{v}_y$ apunta en la dirección $(+\vec{y})$.

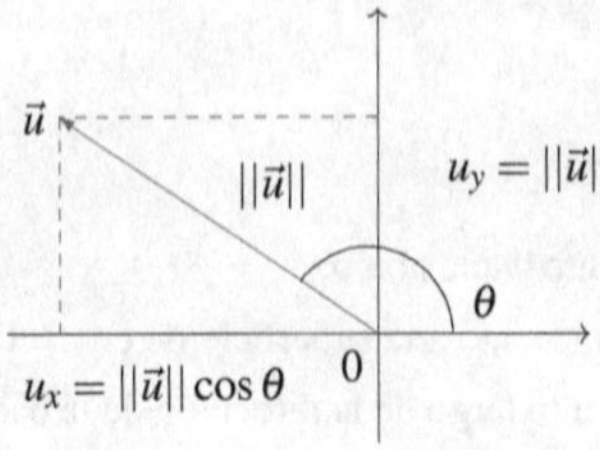

$\vec{v}_x$ apunta en la dirección $-x$.

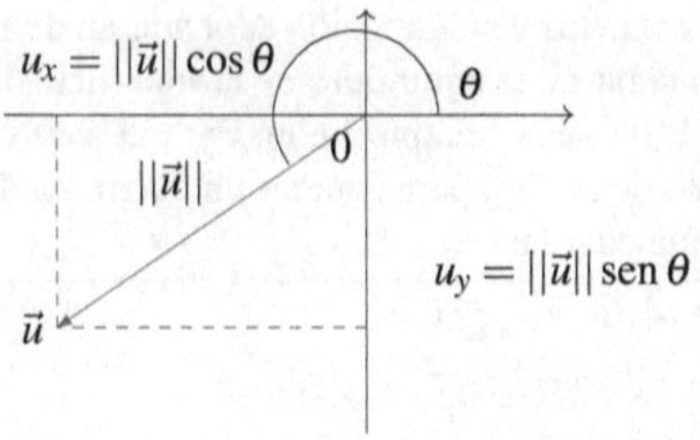

Ambas componentes son negativas.

1.7. Representación Gráfica de Vectores en Física

Supongamos que una joven desea deslizar una caja sobre el piso ya sea arrastrándola con una cuerda (tracción) o bien empujándola con una varilla, Un diagrama de cuerpo libre es una representación gráfica utilizada en física para mostrar todas las fuerzas que actúan sobre un cuerpo en particular. Aquí tienes dos diagramas de cuerpo libre, uno para un cuerpo deslizando con una cuerda y otro con una barra:

1. Cuerpo deslizando con una cuerda:

   a) En este diagrama:

   b) P es el peso del cuerpo, actuando verticalmente hacia abajo.

   c) N es la fuerza normal, actuando perpendicularmente a la superficie de contacto.

d) T es la tensión en la cuerda, actuando a lo largo de la dirección de la cuerda.

e) f es la fuerza de fricción, actuando en dirección opuesta al movimiento del cuerpo.

2. Cuerpo deslizando con una barra:

a) En este diagrama:

b) P es el peso del cuerpo, actuando verticalmente hacia abajo.

c) N es la fuerza normal, actuando perpendicularmente a la superficie de contacto.

d) F es la fuerza ejercida por la barra, actuando a lo largo de la dirección de la barra.

e) f es la fuerza de fricción, actuando en dirección opuesta al movimiento del cuerpo.

En ambos casos, las fuerzas exactas y su dirección dependerán de la situación específica, como el ángulo de la cuerda o la barra, la naturaleza de la superficie de contacto y el coeficiente de fricción. Puedes usar la biblioteca 'matplotlib'en Python para crear diagramas de cuerpo libre. Aquí tienes un ejemplo de código para generar un diagrama de cuerpo libre básico para un cuerpo deslizando con una cuerda:

```
import matplotlib.pyplot as plt
import numpy as np

# Configuración del diagrama
fig, ax = plt.subplots()
ax.set_xlim(-1, 1)
ax.set_ylim(-1, 1)
ax.set_aspect('equal')
ax.axis('off')

# Coordenadas del cuerpo
body_x, body_y = 0, 0

# Dibujando el cuerpo
body = plt.Circle((body_x, body_y), 0.1, color='blue', fill=True)
ax.add_patch(body)

# Dibujando las fuerzas
forces = {
    'Peso␣(P)': (0, -0.5),
    'Normal␣(N)': (0, 0.5),
```

```
    'Tensión␣(T)': (0.5, 0.5),
    'Fricción␣(f)': (-0.5, 0)
}

for label, vec in forces.items():
    ax.arrow(body_x, body_y, vec[0], vec[1], head_width=0.05,
        ↪ head_length=0.1, fc='black', ec='black')
    ax.text(body_x + vec[0], body_y + vec[1] + 0.1, label, fontsize
        ↪ =9, ha='center')

# Mostrando el diagrama
plt.show()
```

Como se muestra en la siguiente figura.

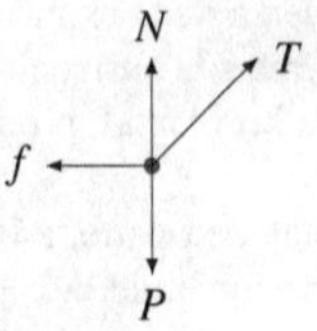

Para hacer un análisis de este problema físico, debemos considerar otra gráfica, la cual se obtiene de la ilustración física. Para que esto sea más completo, emplearemos algunos datos. Suponemos que el valor de la tracción o del empuje sea de 10kg. Escribir simplemente sobre la figura 10kg no tiene sentido, esto es, no determina por completo la **fuerza**, debido a que no indica la dirección en la cual está actuando. Para facilitar la descripción se adopta el convenio de representar la **fuerza** por medio de un **segmento de recta dirigido** (flecha=vector).

La **longitud de la flecha**, a una cierta escala seleccionada, indica el **valor** de la fuerza, y el sentido en que apunta la flecha indica la **dirección** de la **fuerza**. Tenemos los diagramas (en la cual hemos seleccionado una escala de 3mm= 1kg) es el diagrama correspondiente.

Una **cantidad escalar** tiene solamente **magnitiud** y está completamente determinada por un **número** y **una unidad**. Una **cantidad vectorial** o **vector** tiene tanto **magnitud** como **dirección**.

Ejemplo 55. **Desplazamiento** (un avión ha volado 300 km hacia el sur), **velocidad** (un tren se mueve a 80 km/hr hacia el suroeste) y **Fuerza** (una persona aplica a un paquete una fuerza ascendente de 22 lb).

1.8. Componentes de un vector, descomposición de vectores, composición de vectores

Cuando una caja es **arrastrada** o **empujada** sobre e piso por una **fuerza** inclinada, es claro que la efectividad de la fuerza para mover la caja sobre el suelo **depende de la dirección** en la cual actúa la fuerza.
Se conoce por experiencia que una fuerza dada es más efectiva para mover una caja cuanto más se aproxima la dirección de la fuerza a la horizontal Es también evidente que si la fuerza sea aplica formando un ángulo con la horizontal, produce otro efecto, además de mover la caja hacia adelante.
Esto es, la **tracción de la Fuerza** tiende, en parte, a levantar la caja separándola del suelo, y el **empuje de la varilla** está en parte forzando la caja a apretarse contra el suelo. De esta manera llegamos el concepto de **componentes de una fuerza**, es decir, **valores efectivos de una fuerza, en direcciones distintas que la de la fuerza misma. Los componentes de una fuerza, en cualquier dirección**, puede determinarse por:

1. Método gráfico.

2. Método Analítico.

En este momento iniciamos formalmente el tema de **descomposición de vectores**. Nosotros usaremos el Método Analítico. Obtendremos una idea del **Método gráfico**.
Supongamos que deseamos conocer qué fuerza efectiva se consigue para deslizar la caja, en el problema que hemos considerado anteriormente, si la fuerza aplicada es una tracción de 10 kg. dirigida 30° por encima de la horizontal.
Desde el extremo del vector $\vec{f}$ se traza una perpendicular al eje x y otra al eje y.

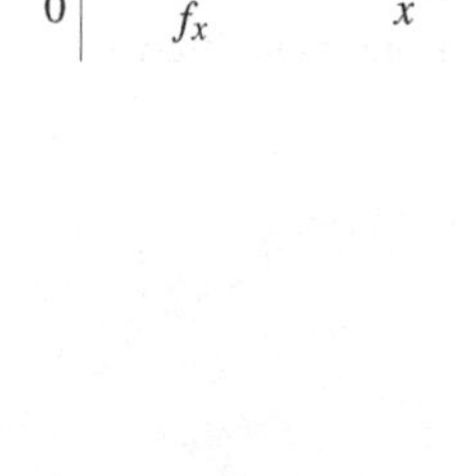

Si una fuerza $\vec{f}$ forma un ángulo θ con el eje x, su componente f_x sobre dicho eje es

$$f_x = ||\vec{f}|| \cos\theta.$$

Por lo tanto

$$f_x = 10\cos 30^\circ = (10)(.866) = 8.66 \text{ kg}.$$

La superioridad del método trigonométrico sobre el gráfico es evidente, pues su exactitud no depende de la cuidadosa construcción y medida de un diagrama a escala.
Resulta evidente que si la fuerza $\vec{f}$ forma un ángulo recto con el eje x, su componente sobre este eje es nulo puesto que $\cos 90^\circ = 0$ y si la fuerza se encuentra sobre el eje, su componente es igual a la fuerza misma ya que $\cos 0^\circ = 1$.
La **componente vertical** de una fuerza inclinada puede también determinarse a partir de la figura. Esta es

$$f_y = ||\vec{f}|| \operatorname{sen}\theta.$$

Si $\vec{f} = 10$ kg. y $\theta = 30^\circ$ entonces

$$f_y = 10 \operatorname{sen} 30^\circ = (10)(.5) = 5 \text{ kg}.$$

Físicamente, esto significa que las dos fuerzas f_x y f_y actuando simultáneamente, son equivalentes en todos los aspectos a la fuerza primitiva $\vec{f}$.
Puesto que los ejes $0x$, $0y$ son perpendiculares entre sí, f_x y f_y se conocen como **componentes rectangulares** de la fuerza $\vec{f}$. **Cualquier fuerza puede reemplazarse por sus componentes rectangulares.**

Observación 4. *El proceso de reemplazar un vector por sus componentes recibe el nombre descomposición de un vector y a estos elementos se les llama componentes del vector original.*

Ahora examinamos fuerzas. Una fuerza se representa mediante un vector porque tiene una magnitud (medida en libras o Newtons) y una dirección. Si sobre un objeto actuán varias fuerzas, la **fuerza resultante** que experimenta el objeto es la suma vectorial de estas fuerzas.

Ejemplo 56. Una pesa de 120 lb cuelga de dos alambres. Determina las tensiones (fuerza) $T_1 y T_2$ en ambos alambres y sus magnitudes.

Demostración. Se expresa primero $T_1 y T_2$ en términos de sus componentes horizontal y vertical

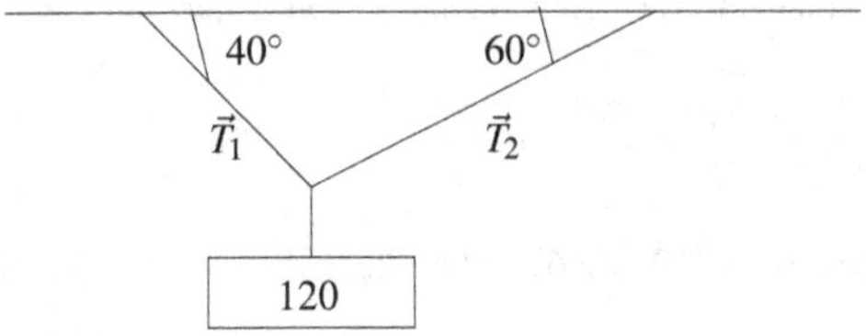

Se ve que

$$T_1 = -|T_1|\cos 40°\hat{\imath} + |T_1|\operatorname{sen} 40°\hat{\jmath}$$

$$T_2 = |T_2|\cos 60°\hat{\imath} + |T_2|\operatorname{sen} 60°\hat{\jmath}$$

La resultante $T_1 + T_2$ de las tensiones contrarresta el peso $\vec{w}$ y, por lo tanto, se debe tener

$$T_1 + T_2 = -\vec{w} = 120$$

Así

$$(-|T_1|\cos 40°\hat{\imath} + |T_1|\operatorname{sen} 40°\hat{\jmath}) + (|T_2|\cos 60°\hat{\imath} + |T_2|\operatorname{sen} 60°\hat{\jmath}) = 120\hat{\jmath}$$

$$-|T_1|\cos 40° + |T_2|\cos 60° = 0$$

$$|T_1|\operatorname{sen} 40° + |T_2|\operatorname{sen} 60° = 120$$

$$|T_2|\cos 60° = |T_1|\cos 40°$$

$$|T_1|\operatorname{sen} 40° + \frac{|T_1|\cos 40°}{\cos 60°}\operatorname{sen} 60° = 120$$

$$|T_1|\operatorname{sen} 40° = 120 - \frac{|T_1|\cos 40°}{\cos 60°}\operatorname{sen} 60°$$

$$|T_1| = \frac{120 - \dfrac{|T_1|\cos 40°}{\cos 60°}\operatorname{sen} 60°}{\operatorname{sen} 40°}$$

$$|T_2| = \frac{|T_1|\cos 40°}{\cos 60\circ}$$

Al sustituir estos valores en las ecuaciones tenemos el resultado.

Un vector puede ser la diagonal de muchos paralelogramos, lo cual significa que para cada vector existe un conjunto ilimitado de pares de componentes que forman distintos ángulos entre sí. Sin embargo, es tradicional considerar, casi de manera invariable, sólo aquellas componentes entre sí. Esto significa que al descomponer un vector, éste se considera como la diagonal de un triángulo rectángulo y las componentes serán necesariamente los lados de dicho triángulo.

Hemos dicho que este tipo de componentes se conocen como **componentes rectangulares**. Se acostumbra referir al vector que se va descomponer a un **sistema de coordenadas rectangulares**, haciendo coincidir el origen del sistema con el origen del vector. En este caso las componentes coinciden con los ejes coordenados, tendrán la dirección de estos ejes y el signo correspondiente. Para determinar las **componentes rectangulares de un vector**, se trazan perpendiculares del extremo final del vector sobre los ejes, lo que equivale a **proyectarlos ortogonalmente** sobre estos. De esta manera se obtienen las **componentes rectangulares** f_x y f_y.

La **dirección** del vector que se va a descomponer se expresa con respecto a la parte positiva del eje x y que puede representar por medio de una letra griega tal como θ.

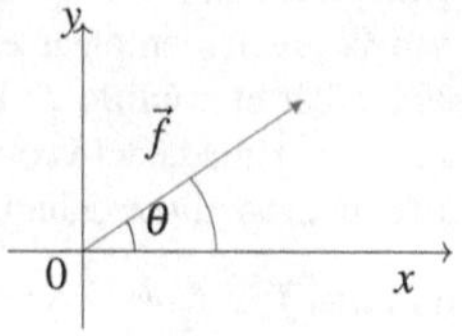

En la resolución de problemas de aplicación, se puede constatar la importancia de reemplazar una fuerza $\vec{f}$ por las fuerzas perpendiculares cuya suma vectorial es igual a $\vec{f}$, esto es

$$\vec{f} = f_x + f_y.$$

Ejemplo 57. Un hombre camina hacia el este 5 km y luego hacia el norte 10 km ¿A qué distancia está su punto de partida? Si hubiera caminado directamente hacia su destino ¿Qué dirección debería haber tomado?

Demostración. En la figura,

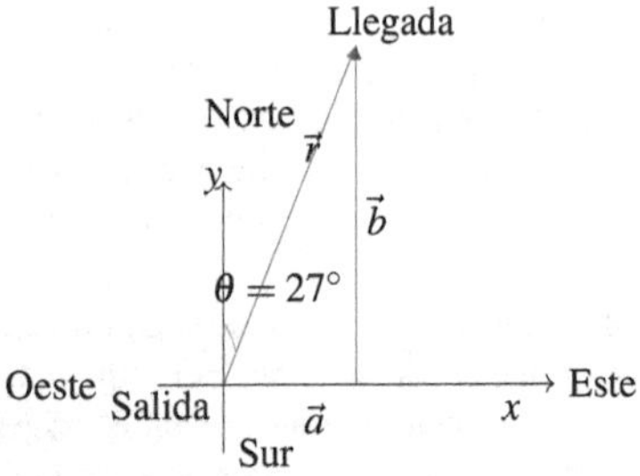

la longitud del vector resultante $\vec{r}$ corresponde a la distancia de 11.2 km y un transportador muestra que la dirección es de 27° al este del norte.

Los **módulos** de las dos fuerzas perpendiculares pueden calcularse por un **método gráfico** o por un **método analítico**. Ya hemos establecido de que si usamos el **método gráfico** podemos emplear una regla para medir sus longitudes correspondientes. Este método de hallar las componentes de un vector es directo y fácil de aprender. Con un cuidado razonable dará resultados precisos para un buen número de problemas.
Sin embargo, resulta algo pesado y de precisión limitada, especialmente si el ángulo es próximo a 0° o 90°. Es más rápido y más preciso emplear el **método analítico** que consiste en hacer uso de la trigonometría para hallar el **módulo** de las componentes. En este método solamente se necesita hacer una figura aproximada del vector $\vec{f}$ y sus componentes, teniendo cuidado de que $\vec{f}$ sea la hipotenusa de un triángulo rectángulo.

Observación 5. *La suma de los* **módulos** f_x *y* f_y *es mayor que el propio módulo* $\vec{f}$. *Esto se debe a que las dos fuerzas* f_x *y* f_y *no están alineadas. Recuerde que la* **adición vectorial** *implica* **módulo y dirección, no sólo módulo.**

Ejemplo 58. Dos remolcadores están jalando un buque. Cada uno ejerce una fuerza de 6 toneladas, y el ángulo entre los cables de remolque es de 60° ¿Cuál es la fuerza resultante sobre el bloque?.

Demostración. Para sumar los vectores de fuerza $\vec{a}$ y $\vec{b}$, se traslada $\vec{b}$ paralelo así mismo, de manera que a extremo inicial coincida con el extremo final de $\vec{a}$, la longitud de la resultante R corresponde a una fuerza de 10.4 toneladas. □

Ahora analizaremos el caso contrario, esto es, describimos lo que significa **composición de vectores**.
Cuando se aplican simultáneamente a un punto cierto número de fuerzas, se observa que el efecto producido por ellas puede obtenerse siempre por una sola fuerza que tenga dirección

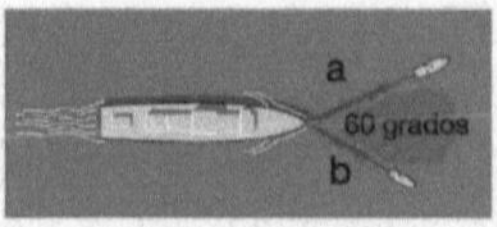

e intensidad adecuadas. Ahora el problema es determinar esta fuerza llamada **resultante**, cuando se conoce cada fuerza de manera separada.
El proceso recibe el nombre de **composición de fuerzas**, y el problema inverso del de **descomposición de una fuerza dada en sus componentes**. Tenemos algunos casos:

1. **Dos Fuerzas perpendiculares**. Supongamos que dos fuerzas están aplicadas simultáneamente al origen.

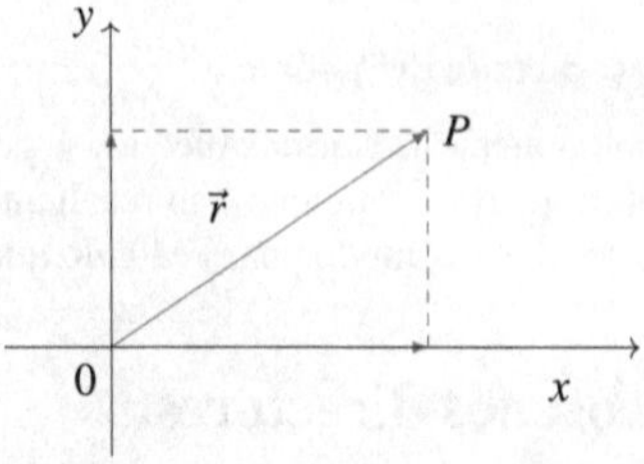

Desde los extremos de los vectores de fuerza se trazan las rectas verticales y horizontales que se cortan en el vector *P*. El vector dibujado desde 0 a *P* representa la **resultante** de las fuerzas dadas. Su longitud, a la misma escala que la usada para las fuerzas dadas, da la **intensidad de la resultante**, y el ángulo que se forma entre este vector y el eje *x*, el cual podemos representar por θ, su **dirección**.

Para continuar con nuestra notación, utilizamos $||\vec{f}||$ para representar al vector que hemos llamado **resultante**.

La **intensidad de la resultante** podemos obtenerla por medio del Teorema de Pitágoras $\sqrt{(f_x)^2+(f_y)^2}$. El ángulo θ puede calcularse mediante $\operatorname{sen}\theta = \dfrac{f_x}{||\vec{f}||}$, $\cos\theta = \dfrac{f_y}{||\vec{f}||}$, $\tan\theta = \dfrac{f_x}{f_y}$. Una sola fuerza (**resultante**) que forme un ángulo θ con la horizontal, produce el mismo efecto que las dos fuerzas.

La **resultante no es la suma aritmética** de las dos fuerzas. La **resultante** también se conoce cómo **vector suma**, y la operación de hallar la resultante se llama **suma de vectores**.

* **Ventajas de usar componentes rectangulares**:
    i) Facilidad de hallar las magnitudes de las componentes en función de la magnitud del vector y su dirección (**Descomposición**).
    ii) Facilidad de hallar la magnitud del vector en función de sus componentes y el valor del ángulo en función de las componentes (**Composición**).

2. **Dos fuerzas que no forman un ángulo recto**
    a) **Método del paralelogramo**. La magnitud y dirección pueden encontrarse efectuando su medida o con la ayuda de fórmulas trigonométricas.
    b) **Método del triángulo** Se puede demostrar que se obtiene el mismo resultado que por el usado en el inciso anterior.

3. **Más de dos Fuerzas: método del poligono.**

    Cuando han de descomponerse más de dos fuerzas, se puede hallar primero la resultante de dos cualesquiera; después se compone esta resultante con una tercera, así sucesivamente. Este método resulta incómodo por el cálculo que se puede realizar.

1.9. Ángulos y cosenos directores.

Imagina que estás en un parque con una brújula, y quieres encontrar un tesoro escondido. La brújula te puede decir en qué dirección debes ir: hacia el norte, el sur, el este o el oeste. Los cosenos directores son como una brújula matemática que nos ayuda a saber en qué dirección estamos yendo, pero en tres dimensiones en lugar de solo en el suelo.
Piensa en el espacio a tu alrededor como si tuviera tres direcciones: hacia arriba/abajo, izquierda/derecha y adelante/atrás. Los cosenos directores son números que nos dicen qué tanto te mueves en cada una de estas tres direcciones.
Por ejemplo:
Si lanzas una pelota hacia arriba, los cosenos directores te dirían cuánto de ese lanzamiento va hacia arriba, cuánto va hacia un lado y cuánto va hacia adelante o hacia atrás. Si un avión vuela en el cielo, los cosenos directores podrían decirnos en qué medida el avión se mueve hacia adelante, hacia los lados y hacia arriba o abajo. En la vida real, los cosenos directores nos ayudan a entender la dirección exacta en la que algo se mueve o apunta en el espacio tridimensional. Esto es muy útil en cosas como la navegación, la aviación y en videojuegos $3D$, donde necesitamos saber exactamente en qué dirección estamos yendo o mirando.
Ángulos: Imagina que estás jugando con una linterna. Cuando apuntas la linterna, el haz de luz sale en una dirección específica. Los ángulos nos dicen exactamente en qué dirección

estás apuntando la linterna. Por ejemplo, si apuntas directamente hacia adelante, eso es un ángulo. Si luego inclinas la linterna hacia arriba, estás cambiando el ángulo. En la vida real, los ángulos nos ayudan a describir cómo algo, como un haz de luz o un avión, está orientado. **Cosenos Directores**: Ahora, piensa en el mismo ejemplo de la linterna. Si apuntas la linterna hacia arriba, hacia una esquina del techo, no solo estás apuntando hacia arriba, sino también un poco hacia adelante y hacia un lado. Los cosenos directores son como números especiales que nos dicen exactamente cuánto de la luz va hacia arriba, cuánto hacia adelante y cuánto hacia el lado. En la vida real, los cosenos directores nos ayudan a entender y describir con precisión en qué dirección exacta estamos apuntando o moviéndonos, especialmente cuando esa dirección no es completamente recta hacia arriba, abajo, izquierda, derecha, adelante o atrás. Entonces, los ángulos y los cosenos directores son como herramientas que nos dicen hacia dónde estamos mirando o moviéndonos. Esto es muy útil, por ejemplo, para pilotos que necesitan saber exactamente en qué dirección está volando su avión, o para científicos que estudian cómo se mueven los planetas en el espacio.

Los **ángulos directores** de un vector $\vec{u}$ diferente de cero son los ángulos α, β y γ, (en el intervalo $[0,\pi]$) que $\vec{u}$ forma con los ejes positivos x, y y z

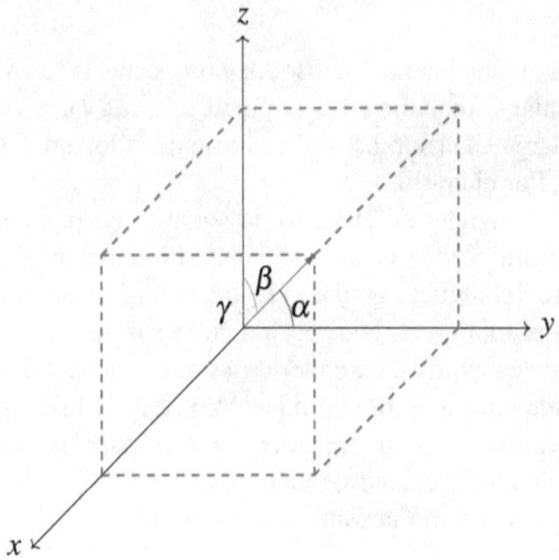

$$\vec{u} \in \mathbb{R}^3,\ \vec{u} = (a_1, a_2, a_3)$$

Los cosenos de estos angulos directores, $\cos\alpha, \cos\beta$ y $\cos\gamma$ se llaman **cosenos directores** de un vector $\vec{u}$.

$$\cos\alpha = \frac{\vec{u}\cdot\hat{i}}{||\vec{u}||\,||\hat{i}||} = \frac{a_1}{||\vec{u}||}.$$

De manera similar

$$\cos\beta = \frac{a_2}{||\vec{u}||}.$$

$$\cos\gamma = \frac{a_3}{||\vec{u}||}.$$

Al elevar al cuadrado estas ecuaciones y sumarla obtenemos:

$$\cos^2\alpha + \cos^2\beta + \cos^2\gamma = 1.$$

$\vec{u} = (a_1, a_2, a_3) = (||u||\cos\alpha, ||u||\cos\beta, ||u||\cos\gamma) = ||u||(\cos\alpha, \cos\beta, \cos\gamma)$ Por lo tanto:

$$\frac{\vec{u}}{||\vec{u}||} = (\cos\alpha, \cos\beta, \cos\gamma).$$

Lo cual dice que los cosenos directores de $\vec{u}$ son los componentes del vector unitario en la dirección de $\vec{u}$.

1.10. Proyecciones

Imagina que estás jugando con una linterna en una habitación oscura y proyectas la luz hacia la pared. La luz de la linterna puede apuntar directamente a la pared o en un ángulo. La proyección escalar es como medir qué tan larga es la sombra de algo cuando la luz no apunta directamente a la pared, sino en un ángulo. Por ejemplo:
Si apuntas la linterna directamente hacia un juguete en el suelo, la sombra del juguete en la pared es muy corta o incluso no hay sombra porque la luz está yendo directamente hacia arriba. Pero si inclinas la linterna, la sombra del juguete se alarga en la pared. La proyección escalar sería como medir qué tan larga es esa sombra en la dirección en la que apunta la linterna. En la vida real, la proyección escalar nos ayuda a entender cosas como la cantidad de luz solar que llega a una superficie inclinada, cómo un objeto puede bloquear la luz dependiendo de su posición, o incluso cómo determinar la mejor manera de colocar paneles solares para captar más luz del sol. Es una forma de medir cuánto de una cosa (como la luz de una linterna) va en la misma dirección que otra cosa (como la sombra en la pared).

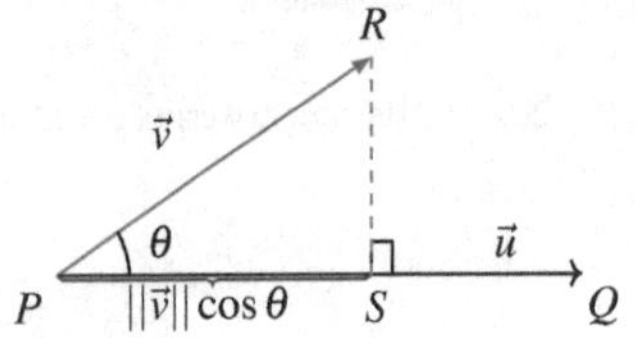

Proyección escalar.

En la figura se muestran las representaciones $\overline{PQ}$ y $\overline{PR}$ de dos vectores $\vec{u}$ y $\vec{v}$ con el mismo punto inicial P. Si S es el pie de la perpendicular de R a la línea que contiene a $\overline{PQ}$, entonces el vector con representación $\overline{PR}$ se llama **vector proyección** de $\vec{v}$ sobre $\vec{u}$ y se denota por $\text{proy}_{\vec{u}}^{\vec{v}}$. Puede pensarlo como una sombra de $\vec{v}$.

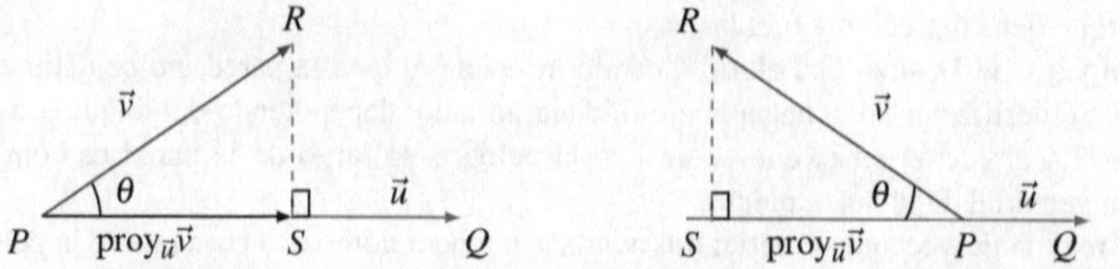

La **proyección escalar** de $\vec{v}$ sobre $\vec{u}$ (llamada también la **componente de $\vec{v}$ a lo largo de $\vec{u}$**) se define como la magnitud de la proyección vectorial, que es el número $||\vec{v}||\cos\theta$, donde θ es el ángulo entre $\vec{u}$ y $\vec{v}$. Esto se denota por $\text{comp}_{\vec{u}}^{\vec{v}}$. Observese que es negativa si $\frac{\pi}{2} < \theta \leq \pi$. La ecuación

$$\vec{u}\cdot\vec{v} = ||\vec{u}||||\vec{v}||\cos\theta = ||\vec{u}||(||\vec{v}||\cos\theta),$$

muestra que el producto punto de $\vec{u}$ y $\vec{v}$ se puede interpretar como la longitud de $\vec{u}$ multiplicada por la proyección escalar de $\vec{v}$ sobre $\vec{u}$. Puesto que:

$$||\vec{v}||\cos\theta = \frac{\vec{u}\cdot\vec{v}}{||\vec{u}||} = \frac{\vec{u}}{||\vec{u}||}\cdot\vec{v}$$

La componente de $\vec{v}$ a lo largo de $\vec{u}$ se calcula tomando el producto punto de $\vec{v}$ con el vector unitario en la dirección de $\vec{u}$. Esto se resume:
Proyección escalar de $\vec{v}$ sobre $\vec{u}$

$$\text{comp}_{\vec{u}}^{\vec{v}} = \frac{\vec{u}\cdot\vec{v}}{||\vec{u}||}.$$

Proyección vectorial de $\vec{v}$ sobre $\vec{u}$

$$\text{proy}_{\vec{u}}^{\vec{v}} = \left(\frac{\vec{u}\cdot\vec{v}}{||\vec{u}||}\right)\frac{\vec{u}}{||\vec{u}||} = \frac{\vec{u}\cdot\vec{v}}{||\vec{u}||^2}\vec{u}$$

Observe que la proyección vectorial es la proyección escalar multiplicada por el vector unitario en la dirección de $\vec{u}$.

Imagina que estás jugando a lanzar una pelota contra una pared. La forma en que lanzas la pelota y cómo golpea y se desliza por la pared nos puede ayudar a entender qué es una proyección vectorial.
Dirección del Lanzamiento: Piensa que cuando lanzas la pelota, no siempre va directamente hacia la pared, sino a veces en un ángulo. La dirección en la que lanzas la pelota es como un vector, porque tiene dirección y fuerza.
Cómo Golpea y se Desliza la Pelota: Cuando la pelota golpea la pared, no se detiene de inmediato. Se desliza un poco hacia abajo o hacia un lado, dependiendo del ángulo en que la lanzaste. La dirección en la que se desliza la pelota a lo largo de la pared es como la proyección vectorial de tu lanzamiento.
En la vida real, la proyección vectorial nos ayuda a entender cómo una cosa (como la pelota) se mueve o afecta a otra cosa (como la pared) en una dirección específica. Por ejemplo:
En el deporte, como en el fútbol, los jugadores deben calcular cómo patear la pelota para que vaya en la dirección deseada. En la construcción, los ingenieros usan la proyección vectorial para entender cómo las fuerzas actúan en diferentes partes de una estructura, como un puente o un edificio. Entonces, la proyección vectorial es una manera de ver cómo una dirección y fuerza (como tu lanzamiento de la pelota) se "proyecta"o afecta en otra dirección (como el deslizamiento de la pelota en la pared). Es una herramienta muy útil para entender cómo las cosas interactúan y se mueven en el mundo real.
Aquí te muestro la diferencia que existe entre la proyección escala y proyección vectorial
Proyección Escalar: Imagina que estás jugando con una linterna y proyectas la luz hacia el suelo. La sombra que se forma en el suelo es más larga o más corta dependiendo del ángulo en que sostienes la linterna. La proyección escalar es como medir cuán larga es esta sombra. Solo nos preocupamos por la longitud de la sombra, no por la dirección en la que se proyecta.
Proyección Vectorial: Ahora, piensa en que en lugar de una sombra, estás dibujando una línea en el suelo con tiza mientras te mueves. Si caminas en línea recta, la línea es larga y directa. Pero si caminas en un ángulo, parte de tu movimiento va hacia adelante y parte hacia un lado. La proyección vectorial es como dibujar una línea que muestra hacia dónde te estás moviendo realmente, considerando tanto la dirección como la longitud de tu movimiento. La diferencia principal entre las dos es que:
La proyección escalar solo se enfoca en qué tan larga o grande es algo (como la longitud de la sombra), sin preocuparse por la dirección en la que se proyecta. La proyección vectorial se preocupa tanto por la dirección como por la longitud. Es como un dibujo que muestra exactamente hacia dónde te estás moviendo y qué tan lejos vas en esa dirección específica. Entonces, mientras que la proyección escalar es como medir solo qué tan larga es una sombra, la proyección vectorial es como trazar un mapa que muestra hacia dónde te diriges y qué tan lejos llegas en esa dirección.

Ejemplo 59. Halle la proyección escalar y la proyección vectorial de $\vec{v} = (1,1,2)$ sobre

$\vec{u} = (-2,3,1)$

Demostración. Puesto que $||\vec{u}|| = \sqrt{(-2)^2+3^2+1^2} = \sqrt{14}$ la proyección escalar de $\vec{v}$ sobre $\vec{u}$ es

$$\text{comp}_{\vec{u}}^{\vec{v}} = \frac{\vec{u}\cdot\vec{v}}{||\vec{u}||} = \frac{(-2)(1)+(3)(1)+(1)(2)}{\sqrt{14}} = \frac{3}{\sqrt{14}}.$$

La proyección vectorial en esta proyección escalar multiplicada por el vector unitario en la dirección $\vec{u}$

$$\text{proy}_{\vec{u}}^{\vec{v}} = \frac{3}{\sqrt{14}} \cdot \frac{\vec{u}}{||\vec{u}||} = \frac{3}{14}\vec{u} = \left(-\frac{3}{7}, \frac{9}{14}, \frac{3}{14}\right).$$

Un uso de las proyecciones ocurre en física para calcular el trabajo. Se define el trabajo hecho por una fuerza constante $\vec{F}$ al mover un objeto por una distancia $\vec{D}$ como $\vec{W} = \vec{F}\cdot\vec{D}$, pero esto se aplica sólo cuando la fuerza se dirige a lo largo de la línea de movimiento del objeto. Sin embargo, suponga que la fuerza constante es un vector $\vec{F} = \overline{PR}$ que apunta en alguna otra dirección como:

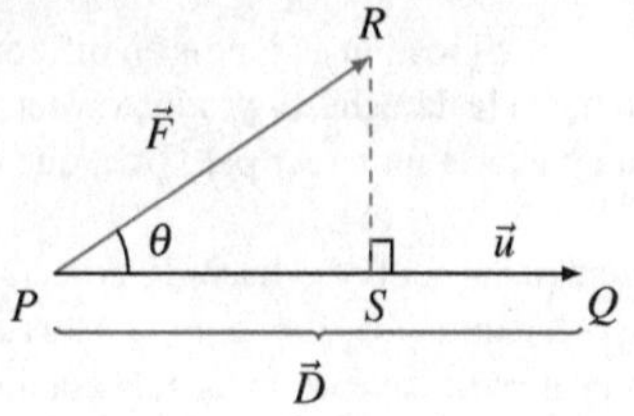

Si la fuerza mueve al objeto de P a Q, entonces el **vector de desplazamiento** es: $\vec{D} = \overline{PQ}$. El trabajo hecho por esta fuerza se define como el producto de la componente de la fuerza a lo largo de $\vec{D}$ y la distancia recorrida:

$$\vec{W} = (||\vec{F}||\cos\theta)||\vec{D}||,$$

entonces tenemos:

$$\vec{W} = ||\vec{F}||||\vec{D}||\cos\theta = \vec{F}\cdot\vec{D}.$$

Así, el trabajo hecho por una fuerza constante $\vec{F}$ es el producto punto $\vec{F}\cdot\vec{D}$, donde $\vec{D}$ es el vector del desplazamiento.

Ejemplo 60. Un carrito es jalado a una distancia de 100 m a lo largo de una trayectoria horizontal por una fuerza constante de 70 N. La manija del carrito se mantiene a un ángulo de 35° sobre la horizontal.

Demostración. : Sí

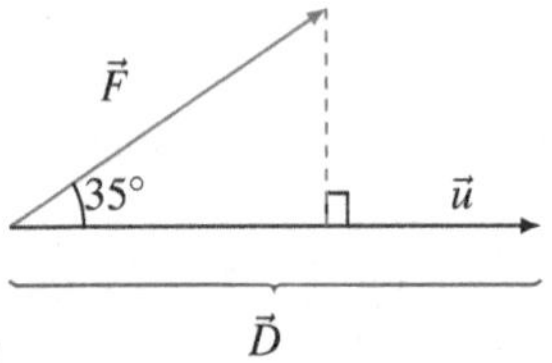

donde $\vec{F}$ y $\vec{D}$ son los vectores de fuerza y desplazamiento, entonces el trabajo hecho es

$$\begin{aligned}\vec{W} &= \vec{F}\cdot\vec{D} = ||\vec{F}||||\vec{D}||\cos 35^\circ \\ &= (70)(100)\cos 35^\circ\end{aligned}$$

1.11. El producto vectorial

Imagina que tienes dos palos de juguete, uno en cada mano. Si los pones juntos en diferentes direcciones, como uno apuntando hacia adelante y otro hacia la derecha, el producto vectorial es como un truco mágico que te dice en qué dirección apuntaría un tercer palo para que esté en ángulo recto con los otros dos.Por ejemplo:

Dos Direcciones Diferentes: Si un palo apunta hacia adelante y el otro hacia la derecha, el producto vectorial (el tercer palo imaginario) apuntaría hacia arriba. Es como si estuvieras creando una nueva dirección que es diferente a las dos primeras y que no se mezcla con ellas.

Cómo Nos Ayuda en la Vida Real: El producto vectorial nos ayuda en muchas cosas en la vida real. Por ejemplo, en la construcción, ayuda a los ingenieros a entender cómo las fuerzas actúan en diferentes partes de una estructura. Si saben en qué dirección están tirando dos fuerzas diferentes, pueden usar el producto vectorial para encontrar una tercera fuerza que sea diferente a las otras dos. En los deportes, como en el voleibol o el bádminton, cuando golpeas la pelota o el volante en una dirección, el producto vectorial puede ayudar a entender cómo y hacia dónde se moverá dependiendo de cómo lo golpees. En resumen, el producto vectorial es como una forma de encontrar una nueva dirección que es totalmente diferente a otras dos direcciones que ya tienes. Es una herramienta útil para entender cosas que involucran movimiento y fuerzas en diferentes direcciones.

Ahora piensa que estás volando una cometa en el parque. La cometa se mueve en el aire gracias a dos cosas principales: la dirección del viento y la dirección en la que tú corres o tiras de la cuerda. El producto vectorial en este caso es como un truco mágico que te dice cómo se moverá la cometa en el aire en base a estas dos direcciones.Por ejemplo:

Dirección del Viento y Tu Movimiento: Supongamos que el viento sopla hacia el norte y tú corres hacia el este. Estas son tus dos direcciones: una es el viento y la otra es la dirección en la que tú te mueves.
El Movimiento de la Cometa: El producto vectorial de estas dos direcciones te diría cómo se eleva la cometa en el aire. No se eleva directamente hacia donde sopla el viento ni exactamente en la dirección en la que corres, sino en una dirección que es diferente a ambas, probablemente algo hacia arriba y hacia un lado. En la vida real, el producto vectorial nos ayuda a entender cómo dos fuerzas o movimientos combinados pueden crear un tercer movimiento o fuerza que es diferente a los dos originales. Es muy útil en cosas como la navegación aérea, donde los pilotos tienen que considerar la dirección del viento y la dirección de vuelo para controlar correctamente el avión. También es importante en deportes y actividades al aire libre, como el kite surf o el parapente, donde la dirección y la fuerza del viento y los movimientos del deportista se combinan para crear el movimiento general.
En muchos problemas de física, ingeniería y geometría se hace necesario calcular un vector ortogonal a dos vectores dados, ahora presentamos un producto que produce un vector así. Puesto que un vector se determina por completo mediante su magnitud y dirección, ahora se puede decir que $\vec{u}\times\vec{v}$ es el vector que es perpendicular a $\vec{u}$ y $\vec{v}$, cuya orientación se determina por la regla de la mano derecha, y cuya longitud es $||\vec{u}||||\vec{v}||\operatorname{sen}\theta$. De hecho, así es exactamente como los físicos definen $\vec{u}\times\vec{v}$.

Definición 1.11.1 (Producto vectorial de dos vectores en el espacio)**.** Sean $\vec{u}=a_1\hat{\imath}+a_2\hat{\jmath}+a_3\hat{k}$ y $\vec{v}=b_1\hat{\imath}+b_2\hat{\jmath}+b_3\hat{k}$ vectores en el espacio. El producto vectorial de $\vec{u}$ y $\vec{v}$ es el vector

$$\vec{u}\times\vec{v}=(a_2b_3-a_3b_2)\hat{\imath}-(a_1b_3-u_3b_1)\hat{\jmath}+(a_1b_2-a_2b_1)\hat{k}.$$

Nota 1.11.1. Esta definición es aplicable solamente a vectores en tres dimensiones. El producto vectorial de vectores en el plano no está definido.

Proposición 1.14. *Suponga que $\vec{u}$, $\vec{v}$ y $\vec{w}$ son vectores y m es un escalar. Entonces se cumple las siguientes leyes:*

1. $\vec{u}\times\vec{v}=-(\vec{u}\times\vec{v})$. *No se cumple la ley conmutativa para el producto cruz.*
2. $\vec{u}\times(\vec{v}+\vec{w})=\vec{u}\times\vec{v}+\vec{u}\times\vec{w}$. *Ley distributiva.*
3. $m(\vec{u}\times\vec{v})=(m\vec{u})\times\vec{v}=\vec{u}\times(m\vec{v})=(\vec{u}\times\vec{v})m$.
4. $\hat{\imath}\times\hat{\jmath}=\hat{k}$, $\hat{\jmath}\times\hat{k}=\hat{\imath}$, $\hat{k}\times\hat{\imath}=\hat{\jmath}$, $\hat{\imath}\times\hat{\imath}=0$, $\hat{\jmath}\times\hat{\jmath}=0$, $\hat{k}\times\hat{k}=0$, $\vec{u}\times\vec{u}=0$ *y* $\vec{u}\times 0=0$.
5. *Dos vectores no nulos $\vec{u}$ y $\vec{v}$ son paralelos si y sólo si $\vec{u}\times\vec{v}=0$.*
6. *Las magnitudes de $\vec{u}\times\vec{v}$ es la misma que el área de un paralelogramo con lados $\vec{u}$ y $\vec{v}$.*

Demostración. Ejercicio.

Teorema 1.15 (Propiedades geométricas de producto vectorial). *Sí θ es el ángulo entre $\vec{u}$ y $\vec{v}$ (de modo que $0 \leq \theta \leq \pi$) entonces*

1. $||\vec{u} \times \vec{v}|| = ||\vec{u}||||\vec{v}|| \operatorname{sen} \theta$.

2. $||\vec{u} \times \vec{v}||$ = *área del paralelogramo que tiene a $\vec{u}$ y a $\vec{v}$ como lados adyacentes.*

3. *$\vec{u} \times \vec{v} = 0$ sy y sólo si $\vec{u}$ y $\vec{v}$ son multiplos escalares uno del otro.*

4. *El vector $\vec{u} \times \vec{v}$ es ortogonal a $\vec{u}$ y $\vec{v}$. es decir: $(\vec{u} \times \vec{v}) \cdot \vec{u} = 0$, $(\vec{u} \times \vec{v}) \cdot \vec{v} = 0$.*

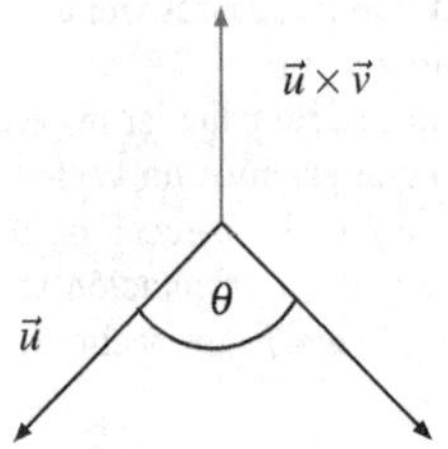

La regla de la mano derecha.

Demostración. Ejercicio.

La interpretación geométrica del teorema anterior se puede ir examinando la siguiente figura:

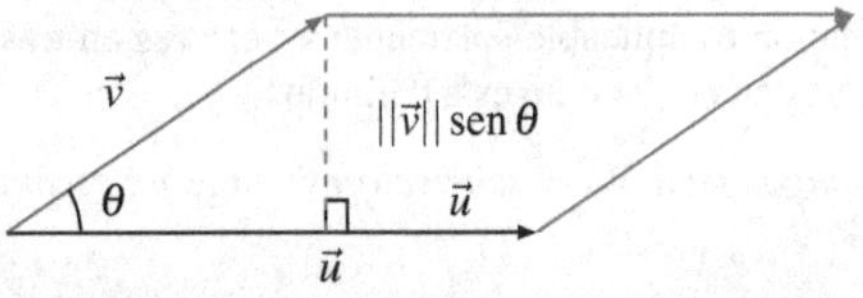

Sí $\vec{u}$ y $\vec{v}$ se representan mediante segmentos de recta dirigido con el mismo punto inicial, entonces determinan un paralelogramo con base $||\vec{u}||$, altitud $||\vec{v}|| \operatorname{sen} \theta$ y área:

$$A = ||\vec{u}||(||\vec{v}|| \operatorname{sen} \theta) = ||\vec{u} \times \vec{v}||.$$

Así, se tiene la siguiente forma de interpretar la magnitud de un producto cruz.

Nota 1.11.2. La extención del producto cruz $\vec{u} \times \vec{v}$ es igual al área del paralelogramo determinado por $\vec{u}$ y $\vec{v}$.

Proposición 1.16. *Dados* $\vec{u} = a_1\hat{\imath} + a_2\hat{\jmath} + a_3\hat{k}$ *y* $\vec{v} = b_1\hat{\imath} + b_2\hat{\jmath} + b_3\hat{k}$. *Entonces*

$$\vec{u}\times\vec{v} = \begin{vmatrix} \hat{\imath} & \hat{\jmath} & \hat{k} \\ a_1 & a_2 & a_3 \\ b_1 & b_2 & b_3 \end{vmatrix} = \begin{vmatrix} a_2 & a_3 \\ b_2 & b_3 \end{vmatrix}\hat{\imath} - \begin{vmatrix} a_1 & a_3 \\ b_1 & b_3 \end{vmatrix}\hat{\jmath} + \begin{vmatrix} a_1 & a_2 \\ b_1 & b_2 \end{vmatrix}\hat{k}.$$

Demostración. Se deja como ejercicio al lector.

Ejemplo 61. Dados $\vec{u} = (1,2,0)$ y $\vec{v} = (1,3,0)$ calcule $\vec{u}\times\vec{v}$:

Demostración. De acuerdo con la definición del producto cruz tenemos:

$$\vec{u}\times\vec{v} = \begin{vmatrix} \hat{\imath} & \hat{\jmath} & \hat{k} \\ 1 & 2 & 0 \\ 1 & 3 & 0 \end{vmatrix} = (2\cdot 0 - 3\cdot 0)\hat{\imath} + (1\cdot 0 - 1\cdot 0)\hat{\jmath} + (3-2)\hat{k} = \hat{k}.$$

Por tanto $\vec{u}\times\vec{v} = (0,0,1)$.

Ejemplo 62. Dados $\vec{u} = 4\hat{\imath} + 2\hat{\jmath} - 3\hat{k}$ y $\vec{v} = 3\hat{\imath} + 5\hat{\jmath} + 2\hat{k}$. Entonces

$$\vec{u}\times\vec{v} = \begin{vmatrix} \hat{\imath} & \hat{\jmath} & \hat{k} \\ 4 & 2 & -3 \\ 3 & 5 & 2 \end{vmatrix} = 19\hat{\imath} - 17\hat{\jmath} + 14\hat{k}.$$

Ejemplo 63. Encuentre un vector perpendicular al plano que pasa por los puntos $P = (1,4,6)$, $Q = (-2,5,-1)$ y $R = (1,-1,1)$.

Demostración. al vector $\overline{PQ}\times\overline{PR}$ es perpendicular $\overline{PQ}$ y $\overline{PR}$ por lo tanto, es perpendicular al plano através de P, Q y R. Tenemos $\overline{PQ} = -3\hat{\imath} + \hat{\jmath} - 7\hat{k}$, $\overline{PR} = -5\hat{\jmath} - 5\hat{k}$, dado que

$$\overline{PQ} = (-2,5,-1) - (1,4,6) = (-2-1, 5-4, -1-6) = (-3,1,-7).$$
$$\overline{PR} = (1,-1,1) - (1,4,6) = (1-1, -1-4, 1-6) = (0,-5,-5).$$

se calcula el producto cruz

$$\overline{PQ}\times\overline{PR} = \begin{vmatrix} \hat{\imath} & \hat{\jmath} & \hat{k} \\ -3 & 1 & -7 \\ 0 & -5 & -5 \end{vmatrix} = -40\hat{\imath} - 15\hat{\jmath} + 15\hat{k}.$$

Así que el vector $(-40,-15,15)$ es perpendicular al plano dado. Cualquier múltiplo escalar no nulo de este vector, como por ejemplo $(-8,-3,3)$ también es perpendicular al plano.

Ejemplo 64. Encuentre el área del triángulo con vértices $P=(1,4,6)$, $Q=(-2,5,-1)$ y $R=(1,-1,1)$.

Demostración. En el ejemplo anterior se calculó que $\overline{PQ}\times\overline{PR}=(-40,-15,15)$ El área del paralelogramo con lados adyacentes $\overline{PQ}$ y $\overline{PR}$ es la longitud de este producto cruz

$$||\overline{PQ}\times\overline{PR}||=\sqrt{(-40)^2+(-15)^2+(15)^2}=5\sqrt{82}.$$

El área $\vec{A}$ del triángulo $\overline{PQR}$ es la mitad del área de este paralelogramo, es decir: $\frac{5}{2}\sqrt{82}$.

1.12. Par de Torsión

Imagina que estás en un parque jugando en los columpios. Si quieres hacer girar el columpio, necesitas aplicar fuerza en la dirección correcta. El par de torsión es como esa fuerza que haces para girar algo. Por ejemplo:
Girando un Tornillo con un Destornillador: Piensa en usar un destornillador para apretar un tornillo. Cuando giras el destornillador, estás aplicando un par de torsión. Cuanto más fuerte gires el destornillador, mayor será el par de torsión, y más fácilmente se moverá el tornillo.
Abriendo una Botella: Cuando intentas abrir una botella con tapa a rosca, giras la tapa. Estás aplicando un par de torsión para vencer la resistencia de la tapa y abrirla. Si la tapa está muy apretada, necesitas aplicar más par de torsión. En la vida real, el par de torsión nos ayuda a entender cómo las cosas giran o se mueven cuando aplicamos una fuerza. Es muy importante en muchas situaciones, como cuando usamos herramientas, abrimos puertas, conducimos un automóvil, o incluso cuando los atletas lanzan una pelota. Entender el par de torsión nos ayuda a saber cuánta fuerza necesitamos aplicar y en qué dirección para hacer girar o mover algo.
Ahora piensa que estás andando en tu bicicleta. Cuando quieres empezar a moverte, debes empujar los pedales con tus pies. El par de torsión en este caso es la fuerza que aplicas en los pedales para hacer girar las ruedas de la bicicleta.Por ejemplo:
Empujando los Pedales: Al empujar hacia abajo en un pedal, estás aplicando un par de torsión. Cuanto más fuerte empujas, mayor es el par de torsión y más rápido se mueve la bicicleta. Si empujas suavemente, el par de torsión es menor y la bicicleta se mueve más lentamente.
Subiendo una Cuesta: Si estás subiendo una cuesta en bicicleta, necesitas aplicar más par de torsión para vencer la gravedad y la inclinación de la cuesta. Aquí, empujas los pedales con más fuerza para mantener la bicicleta en movimiento hacia arriba. En la vida real, el par de torsión es la razón por la que podemos hacer girar cosas como los pedales de una bicicleta,

que a su vez mueve la bicicleta hacia adelante. Entender el par de torsión nos ayuda a saber cómo usar nuestra fuerza de manera efectiva, no solo al andar en bicicleta, sino también en muchas otras actividades que implican girar o mover cosas.
Análogamente imagina que estás jugando en un parque con un balancín (también conocido como sube y baja). El par de torsión es lo que hace que el balancín se mueva hacia arriba y hacia abajo. Por ejemplo:
Usando un Balancín: Cuando te sientas en un extremo del balancín y alguien se sienta en el otro extremo, el balancín se mueve dependiendo de cuánto pesa cada persona y dónde se sientan. Si una persona es más pesada o se sienta más lejos del centro, crea más par de torsión y el balancín se inclina hacia su lado.
Equilibrio en el Balancín: Para que el balancín esté equilibrado, ambas personas necesitan crear el mismo par de torsión. Si una persona es más ligera, puede compensarlo moviéndose más lejos del centro del balancín. Esto es como aumentar el par de torsión para equilibrar el peso de la persona más pesada. En la vida real, el par de torsión nos ayuda a entender cómo se pueden equilibrar o mover objetos y sistemas. En el caso del balancín, el par de torsión nos ayuda a entender cómo el peso y la distancia de cada persona afectan el movimiento del balancín. Es un concepto muy importante en la física y se usa en muchas situaciones, desde juegos en el parque hasta ingeniería y construcción.
La idea de un producto cruz ocurre con frecuencia en física en particular, se considera una fuerza $\vec{F}$ que actúa sobre un cuerpo rígido en un punto dado por un vector de posición $\vec{r}$ (por ejemplo, si se aprieta un perno aplicando una fuerza a una llave). **El par de Torsión** (Relativo al origen) se define como el producto cruz de los vectores de posición y fuerza

$$\vec{c} = \vec{r} \times \vec{F}$$

y mide la tendencia del cuerpo a girar respecto al origen la dirección del par de torsión indica el eje de rotación. De acuerdo con el resultado del ángulo en el producto cruz, la magnitud del vector de par de torsión es

$$|\vec{c}| = |\vec{r} \times \vec{F}| = ||\vec{r}||||\vec{F}|| \operatorname{sen}\theta$$

donde θ es el ángulo entre los vectores de posición y fuerza. Observe que la única componente de $\vec{F}$ que puede causar rotación es la que es perpendicular, es decir, $||\vec{F}|| \operatorname{sen}\theta$. La magnitud del par de torsión es igual al área del paralelogramo determinado por $\vec{r}$ y $\vec{F}$.

Ejemplo 65. Se aplica un perno aplicando una fuerza de 40N a una llave de 0.25m como en la figura: Encuentra la magnitud del par de torsión respecto al centro del perno.

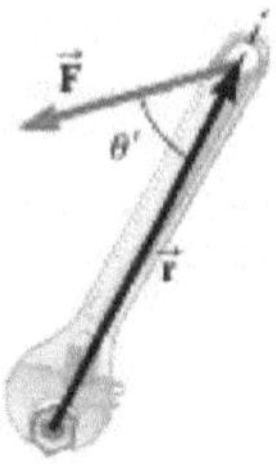

Demostración. La magnitud del vector del par de torsión es

$$\begin{aligned} ||\vec{c}|| &= ||\vec{r}\times\vec{F}|| = ||\vec{r}||||\vec{F}||\,\mathrm{sen}(75^\circ) \\ &= (0.25)(40)\,\mathrm{sen}\,75^\circ = 10\,\mathrm{sen}\,75^\circ = 9.66\mathrm{N/m} \end{aligned}$$

Si el perno tiene cuerda derecha, entonces el vector de par de torsión es $\vec{c} = |\vec{c}|\vec{n} = 9.66\vec{n}$ donde $\vec{n}$ es un vector unitario con dirección hacia la página.

1.13. Productos Triples

Imagina que tienes tres juguetes diferentes: un coche de juguete, un barquito y un avioncito. Cada uno de estos juguetes puede moverse en una dirección diferente. El coche va por el suelo, el barquito por el agua, y el avioncito por el aire.
El producto triple en matemáticas es como combinar las direcciones de estos tres juguetes para descubrir algo completamente nuevo, como un truco mágico.
Por ejemplo, si el coche va hacia adelante, el barquito hacia la derecha y el avioncito hacia arriba, el producto triple nos diría cómo estas tres direcciones trabajan juntas. En la vida real, esto nos puede ayudar a entender cosas como cómo se mueve el viento en diferentes direcciones al mismo tiempo, o cómo las fuerzas actúan en un objeto desde diferentes ángulos.
El producto triple es una herramienta matemática que nos ayuda a entender situaciones complicadas donde tres cosas diferentes están sucediendo al mismo tiempo, cada una en una dirección diferente. Es como tener una clave secreta que nos muestra cómo interactúan estas direcciones o fuerzas.
Ahora piensa que estás construyendo una caja de cartón. Para hacer la caja, necesitas entender tres direcciones diferentes: el largo (hacia adelante y hacia atrás), el ancho (de lado a lado) y la altura (de abajo hacia arriba). Estas tres direcciones son como los tres vectores en el producto triple.

El producto triple es como un truco mágico que nos dice algo especial sobre estas tres direcciones cuando construimos la caja:
Cómo se Relacionan las Direcciones: Nos muestra cómo el largo, el ancho y la altura de la caja trabajan juntos. Por ejemplo, si cambias el largo o el ancho de la caja, eso podría cambiar cuánto espacio hay dentro de la caja.
Volumen de la Caja: En realidad, el producto triple nos puede decir exactamente cuánto espacio hay dentro de la caja, lo que llamamos el "volumen". Es como descubrir cuántos juguetes puedes meter dentro de la caja, basándote en qué tan larga, ancha y alta es. En la vida real, el producto triple nos ayuda en situaciones donde necesitamos entender cómo diferentes direcciones o medidas interactúan para crear algo nuevo, como el volumen de una habitación, una caja o cualquier otro espacio. Es una herramienta muy útil en matemáticas, física y ingeniería para entender y calcular cómo las cosas funcionan en un espacio tridimensional.
El producto punto y cruz de tres vectores $\vec{u}$, $\vec{v}$ y $\vec{w}$, generan resultados importantes se denomina **producto escalar triple** de los vectores $\vec{u}$, $\vec{v}$ y $\vec{w}$, de la forma $\vec{u}\cdot(\vec{v}\times\vec{w})$, $(\vec{u}\cdot\vec{v})\vec{w}$ y $\vec{u}\times(\vec{v}\times\vec{w})$.

Proposición 1.17. *Suponga que $\vec{u}$, $\vec{v}$ y $\vec{w}$ son vectores y m es un escalar. Entonces se cumple las siguientes leyes:*

1. *En general $(\vec{u}\cdot\vec{v})\vec{w} \neq \vec{u}(\vec{v}\cdot\vec{w})$.*
2. *$\vec{u}\cdot(\vec{v}\times\vec{w}) = \vec{v}\cdot(\vec{w}\times\vec{u}) = \vec{w}\cdot(\vec{u}\times\vec{v}) =$ volumen de un paralelepípedo cuyas aristas son $\vec{u}$, $\vec{v}$ y $\vec{w}$, o el negativo de dicho volumen, según si $\vec{u}$, $\vec{v}$ y $\vec{w}$ forman o no un sistema de mano derecha.*
3. *En general $\vec{u}\times(\vec{v}\times\vec{w}) \neq (\vec{u}\times\vec{v})\times\vec{w}$.*

   (No se cumple la ley asociativa para el producto cruz)
4. *$\vec{u}\times(\vec{v}\times\vec{w}) = (\vec{u}\cdot\vec{w})\vec{v} - (\vec{u}\cdot\vec{v})\vec{w}$.*

   $(\vec{u}\times\vec{v})\times\vec{w} = (\vec{u}\cdot\vec{w})\vec{v} - (\vec{v}\cdot\vec{w})\vec{u}$.

Demostración. Se deja como ejercicio al lector.

Existen una fórmula sencilla para $\vec{u}\cdot(\vec{v}\times\vec{w})$ cuando se utilizan los vectores unitarios $\hat{\imath}$, $\hat{\jmath}$ y $\hat{k}$.

Proposición 1.18. *Dados $\vec{u} = a_1\hat{\imath} + a_2\hat{\jmath} + a_3\hat{k}$, $\vec{v} = b_1\hat{\imath} + b_2\hat{\jmath} + b_3\hat{k}$ y $\vec{w} = c_1\hat{\imath} + c_2\hat{\jmath} + c_3\hat{k}$. Entonces*

$$\vec{u}\cdot(\vec{v}\times\vec{w}) = \begin{vmatrix} a_1 & a_2 & a_3 \\ b_1 & b_2 & b_3 \\ c_1 & c_2 & c_3 \end{vmatrix}.$$

Demostración. Se deja como ejercicio al lector.

Sí está formula se descubre que el volumen del paralelepípedo determinado por $\vec{u}$, $\vec{v}$ y $\vec{w}$, es 0, entonces los vectores deben estar en el mismo plano; es decir, son **coplanares**

Teorema 1.19 (Interpretación geométrica del producto mixto). *El volumen de un paralelepípedo con los lados adyacentes $\vec{u}$, $\vec{v}$ y $\vec{w}$, viene dados por*

$$V = ||\vec{u}\cdot(\vec{v}\times\vec{w})||.$$

Demostración. Sea

Geométricamente:

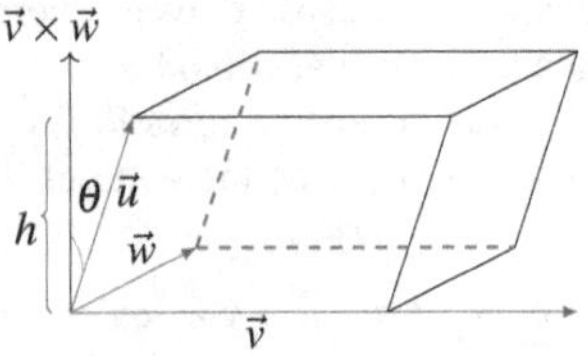

El área de la base del paralelogramo es $\vec{A} = |\vec{v}\times\vec{w}|$. Si θ es el ángulo entre $\vec{u}$ y $\vec{v}\times\vec{w}$, entonces la altura h del paralelepípedo es $h = ||\vec{u}|||\cos\theta|$. (Se debe usar $|\cos\theta|$ en lugar de $\cos\theta$ en caso de que $\theta > \frac{\pi}{2}$). Por lo tanto, el volumen del paralelepípedo es:

$$V = \vec{A}\cdot\vec{h} = |\vec{v}\times\vec{w}|||\vec{u}|||\cos\theta| = ||\vec{u}\cdot(\vec{v}\times\vec{w})||.$$

La importancia geométrica del producto escalar triple se puede ver considerando el paralelepípedo determinado por los vectores $\vec{u}$, $\vec{v}$ y $\vec{w}$. Por el volumen del paralelepípedo determinado por $\vec{u}$, $\vec{v}$ y $\vec{w}$ es 0. Esto significa que $\vec{u}$, $\vec{v}$ y $\vec{w}$ son coplanares. El producto $\vec{u}\times(\vec{v}\times\vec{w})$ se denomina **producto** vectorial triple de $\vec{u}$, $\vec{v}$ y $\vec{w}$. Esta propiedad se deriva la primera ley de Kepler del movimiento planetario.

Ejemplo 66. Dado $\vec{u} = 4\hat{\imath}+2\hat{\jmath}-3\hat{k}$, $\vec{v} = 5\hat{\imath}+\hat{\jmath}-2\hat{k}$ y $\vec{w} = 3\hat{\imath}-\hat{\jmath}+2\hat{k}$.

$$\vec{u}\cdot(\vec{v}\times\vec{w}) = \begin{vmatrix} 4 & 2 & -3 \\ 5 & 1 & -2 \\ 3 & -1 & 2 \end{vmatrix} = 8-12+15+9-8-20 = -8.$$

1.14. Ejercicios

1. Al oír el cascabel de una serpiente, usted realiza dos desplazamientos rápidos de 1.8 m y 2.4 m. Haga dibujos (a escala aproximada) que muestren cómo tales desplazamientos podrían dar una resultante de magnitud a) 4.2 m; b) 60 cm; c) 3 m.

2. Una espeleóloga está explorando una cueva y sigue un pasadizo 180 m al oeste, luego 210 m 45° al este del sur, y después 280 m 30° al este del norte. Tras un cuarto desplazamiento no medido, vuelve al punto inicial. Con un diagrama a escala determine la magnitud y la dirección del cuarto desplazamiento.

3. Una esquiadora de fondo viaja 10 km al norte y luego 20 km al este por un campo nevado horizontal. ?A qué distancia y en qué dirección está con respecto al punto de partida?

4. Dos vectores de desplazamiento, $\vec{S}$ y $\vec{T}$, tienen magnitudes $\vec{S} = 3$ m y $\vec{T} = 4$ m. ¿Cuál de los siguientes resultados podría ser la magnitud de la diferencia vectorial $\vec{S} - \vec{T}$? (Podría haber más de una respuesta correcta.) a) 9 m; b) 7 m; c) 5 m; d) 1 m; e) 0 m; f) 21 m.

5. Un avión despega y viaja 20.4 km al oeste, 18.7 km al norte y 12.1 km hacia arriba. ¿A qué distancia está de su punto de partida?

6. Use un dibujo a escala para obtener las componentes x y y de los siguientes vectores. Para cada vector se dan la magnitud y el ángulo que forman, medido desde el eje $+x$ hacia el eje $+y$. a) Magnitud 9.30 m, ángulo 60°; b) magnitud 22 km, ángulo 135°; c) magnitud 6.35 cm, ángulo 307°.

7. Un cohete enciende dos motores simultáneamente. Uno produce un empuje de 725 N directamente hacia delante; mientras que el otro da un empuje de 513 N 32.4° arriba de la dirección hacia adelante. Obtenga la magnitud y la dirección (relativa a la dirección hacia adelante) de la fuerza resultante que estos motores ejercen sobre el cohete.

8. Un profesor de física desorientado conduce 3.25 km al norte, 4.75 km al oeste y 1.50 km al sur. Calcule la magnitud y la dirección del desplazamiento resultante, usando el método de componentes. En un diagrama de suma de vectores (a escala aproximada), muestre que el desplazamiento resultante obtenido del diagrama coincide cualitativamente con el obtenido con el método de componentes.

9. Un río fluye de sur a norte a 15 km/h. En este río, una lancha va de este a oeste, perpendicular a la corriente, a 17 km/h. Vista por una águila suspendida en reposo sobre la ribera, ?qué tan rápido y en qué dirección viaja la lancha?

10. Dos trabajadores tiran horizontalmente de una caja pesada, aunque uno de ellos tira dos veces más fuerte que el otro. El tirón más fuerte es hacia 25° al oeste del norte, y la resultante de estos dos tirones es de 350 N directamente hacia el norte. Use las componentes de vectores para calcular la magnitud de cada tirón y la dirección del tirón más débil.

11. Un avión sale del aeropuerto de Galisto y vuela 170 km en una dirección 68° al este del norte; luego cambia el rumbo y vuela 230 km a 48° al sur del este, para efectuar inmediatamente un aterrizaje de emergencia en un potrero. ?En qué dirección y qué distancia deberá volar una cuadrilla de rescate enviada por el aeropuerto para llegar directamente al avión averiado?

12. Un explorador en las espesas junglas del África ecuatorial sale de su choza. Camina 40 pasos al noreste, 80 pasos a 60° al norte del oeste y 50 pasos al sur. Suponga que todos sus pasos tienen la misma longitud. a) Dibuje, aproximadamente a escala, los tres vectores y su resultante. b) Sálvelo de perderse irremediablemente en la jungla dándole el desplazamiento, calculado con el método de componentes, que lo llevará de regreso a su choza.

13. Un barco zarpa de la isla de Guam y navega 285 km con rumbo de 40° al norte del oeste. ¿Qué rumbo deberá tomar ahora y qué distancia deberá navegar para que su desplazamiento resultante sea de 115 km directamente al este de Guam?

14. **Huesos y músculos**. El antebrazo de una paciente en terapia pesa 25 N y levanta una pesa de 112 N. Estas dos fuerzas están dirigidas verticalmente hacia abajo. Las únicas otras fuerzas apreciables que actúan sobre el antebrazo provienen del músculo bíceps (que actúa perpendicular al antebrazo) y la fuerza en el codo. Si el bíceps produce un empuje de 232 N cuando el antebrazo se alza 43° sobre la horizontal, determine la magnitud y la dirección de la fuerza que el codo ejerce sobre el antebrazo. (La suma de la fuerza del codo y la del bíceps debe equilibrar el peso del antebrazo y la pesa que carga, así que su resultante debe ser 132.5 N hacia arriba.)

15. Usted tiene hambre y decide visitar su restaurante de comida rápida preferido. Sale de su apartamento, baja 10 pisos en el elevador (cada piso tiene 3 m de altura) y camina 15 m al sur hacia la salida del edificio. Luego camina 0.2 km al este, da vuelta al norte y camina 0.1 km hasta la entrada del restaurante. a) Determine el desplazamiento entre su departamento y el restaurante. Use notación con vectores unitarios en su respuesta, dejando bien en claro qué sistema de coordenadas eligió. b) ?Qué distancia recorrió por el camino que siguió de su departamento al restaurante y qué magnitud tiene el desplazamiento que calculó en el inciso a)?

16. Sean los vectores dados de $\mathbb{R}^3$, calcular $\vec{u}\cdot\vec{v}$, $||\vec{u}||$, $||\vec{v}||$, $||\vec{u}+\vec{v}||$, $||\vec{u}-\vec{v}||$, $||\vec{u}\times\vec{v}||$, y por último hallar el ángulo que forman entre ellos.

    a) $\vec{u}=15\hat{\imath}-2\hat{\jmath}+4\hat{k}$, $\vec{v}=\pi\hat{\imath}+3\hat{\jmath}-\hat{k}$.

    b) $\vec{u}=-\hat{\imath}+2\hat{\jmath}$, $\vec{v}=\hat{\imath}-\hat{\jmath}$.

    c) $\vec{u}=3\hat{\imath}+2\hat{\jmath}+\hat{k}$, $\vec{v}=\hat{\imath}+2\hat{\jmath}-\hat{k}$.

    d) $\vec{u}=2\hat{\imath}+10\hat{\jmath}-12\hat{k}$, $\vec{v}=-3\hat{\imath}+4\hat{k}$.

    e) $\vec{u}=5\hat{\imath}-\hat{\jmath}+2\hat{k}$, $\vec{v}=\hat{\imath}+\hat{\jmath}-\hat{k}$.

    f) $\vec{u}=-\hat{\imath}+3\hat{\jmath}+\hat{k}$, $\vec{v}=-2\hat{\imath}-3\hat{\jmath}-7\hat{k}$.

    g) $\vec{u}=-\hat{\imath}+3\hat{k}$, $\vec{v}=4\hat{\jmath}$.

    h) $\vec{u}=-\hat{\imath}+2\hat{\jmath}-3\hat{k}$, $\vec{v}=-\hat{\imath}-3\hat{\jmath}+4\hat{k}$.

17. Hallar la proyección de $\vec{u}=-\hat{\imath}+\hat{\jmath}+\hat{k}$, sobre $\vec{v}=2\hat{\imath}+\hat{\jmath}-3\hat{k}$ y la proyección de $\vec{v}=2\hat{\imath}+\hat{\jmath}-3\hat{k}$ sobre $\vec{u}=-\hat{\imath}+\hat{\jmath}+\hat{k}$.

18. Dados los vectores $\vec{M}=-10\hat{\imath}+4\hat{\jmath}-8\hat{k}$ y $\vec{N}=8\hat{\imath}+7\hat{\jmath}-2\hat{k}$, encontrar: a) un vector unitario en la dirección de $-\vec{M}+2\vec{N}$; b) la magnitud de $5\hat{\imath}+\vec{N}-3\vec{M}$; c) $|\vec{M}||2\vec{N}|(\vec{M}+\vec{N})$.

19. Sean $A(-1,2,5)$, $B(-4,-2,-3)$ y $C(1,3,-2)$ los vértices de un triángulo. a) Encontrar el perímetro del triángulo. b) Encontrar un vector unitario dirigido desde el punto medio del lado AB al punto medio del lado BC. c) Demostrar que este vector unitario multiplicado por un escalar es igual al vector de A a C y que, por lo tanto, el vector unitario es paralelo al lado AC.

20. Un vector desde el origen hasta el punto A está dado por $(6,-2,-4)$, y un vector unitario dirigido desde el origen hasta el punto B está dado por $(2,-2,1)/3$. Si los puntos A y B se encuentran a diez unidades entre sí, encontrar las coordenadas del punto B.

21. Un círculo con centro en el origen y un radio de 2 unidades está en el plano xy. Determinar el vector unitario en coordenadas cartesianas que está en el plano xy, es tangente al círculo en el punto $(\sqrt{3},1,0)$, y está en la dirección positiva del eje y.

22. Calcule el trabajo realizado al mover un objeto a lo largo del vector $\vec{r}=3\hat{\imath}+\hat{\jmath}-5\hat{k}$ si se aplica la fuerza $\vec{F}=2\hat{\imath}-\hat{\jmath}-\hat{k}$.

23. Encuentre el trabajo realizado por un objeto que se mueve a lo largo de una línea recta:

a) de $(3,2,-1)$ a $(2,-1,4)$, en un campo de fuerzas dado por $\vec{F} = 4\hat{\imath} - 3\hat{\jmath} + 2\hat{k}$.

b) de $(3,4,5)$ a $(-1,9,9)$, en un campo de fuerzas dado por $\vec{F} = -3\hat{\imath} + 5\hat{\jmath} - 6\hat{k}$.

24. Sea $\vec{F}$ un campo vectorial de fuerzas constante. Demuestre que el trabajo realizado por un cuerpo que se mueve alrededor de cualquier polígono cerrado en dicho campo, es igual a cero.

25. Suponga que se aplica una fuerza $\vec{F} = 3\hat{\imath} + 2\hat{\jmath} - 4\hat{k}$ en el punto $(1,-1,2)$. Calcule el momento de $\vec{F}$ con respecto del punto: a) $(2,-1,3)$, b) $(4,-6,3)$.

26. En los ejercicios siguientes, calcule los productos cruz $\vec{u} \times \vec{v}$ y $\vec{v} \times \vec{u}$ de los vectores dados. En cada caso, verifique que el vector obtenido es ortogonal a cada uno de los vectores $\vec{u}$ y $\vec{v}$ dados.

    a) $\vec{u} = (1,1,2)$, $\vec{v} = (-1,1,0)$.

    b) $\vec{u} = (2,4,3)$, $\vec{v} = (2,-4,3)$.

    c) $\vec{u} = (0,2,5)$, $\vec{v} = (0,4,10)$.

    d) $\vec{u} = (2,1,1)$, $\vec{v} = (3,2,2)$.

    e) $\vec{u} = (3,2,2)$, $\vec{v} = (-3,-2,-2)$.

27. Determinar el ángulo entre los vectores $\vec{u} = (2,2,-1)$ y $\vec{v} = 5\hat{\imath} - 3\hat{\jmath} + 2\hat{k}$.

28. Considere los vectores $\vec{u} = (3,1,2)$, $\vec{v} = (2,-4,3)$, $\vec{w} = (1,1,7)$. Calcule los productos $\vec{u} \times (\vec{v} \times \vec{w})$ y $(\vec{u} \times \vec{v}) \times \vec{w}$ En base al resultado obtenido, explique por qué la expresión $\vec{u} \times \vec{v} \times \vec{w}$ para el producto cruz de tres vectores es una expresión ambigua.

29. Con los vectores $\vec{u}$, $\vec{v}$, $\vec{w} \in \mathbb{R}^3$ del ejercicio anterior, compruebe que $(\vec{u} + 2\vec{v}) \times \vec{w} = \vec{u} \times \vec{w} + 2\vec{v} \times \vec{w}$.

30. ¿Verdadero o falso? Si $\vec{u} \times \vec{v} = \vec{u} \times \vec{w}$, entonces $\vec{v} = \vec{w}$.

31. Sean $\vec{u} = (2,-3,-3)$, $\vec{v} = (3,1,1)$. Calcule: a) $\vec{u} \times \vec{v}$; b) $(\vec{u} + \vec{v}) \times \vec{v}$; e) $(\vec{u} + \vec{v}) \times (\vec{u} + \vec{v})$; d)$(\vec{u} + \vec{v}) \times (\vec{u} - \vec{v})$; e)$(2\vec{u} + 3\vec{v}) \times (\vec{u} - 4\vec{v})$.

32. Sean $\vec{u}$, $\vec{v}$, $\vec{w} \in \mathbb{R}^3$ tres vectores tales que $\vec{u} + \vec{v} + \vec{w} = 0$. Demuestre que $\vec{u} \times \vec{v} = \vec{v} \times \vec{w} = \vec{w} \times \vec{u}$.

33. Sean $\vec{u}$, $\vec{v}$, $\vec{w} \in \mathbb{R}^3$ tres vectores.

    a) Pruebe que $\vec{u} \cdot (\vec{v} \times \vec{w}) = (\vec{u} \times \vec{v}) \cdot \vec{w}$.

b) Demuestre que $\vec{u}\times(\vec{v}\times\vec{w}) = (\vec{u}\cdot\vec{w})\vec{v} - (\vec{u}\cdot\vec{v})\vec{w}$.

34. Sean $\vec{v}_1, \vec{v}_2, \vec{v}_3, \vec{v}_4 \in \mathbb{R}^3$ cuatro vectores tales que $\vec{v}_1\times\vec{v}_2 = \vec{v}_3\times\vec{v}_4$ y $\vec{v}_1\times\vec{v}_3 = \vec{v}_2\times\vec{v}_4$. Demuestre que los vectores $\vec{u} = \vec{v}_1 - \vec{v}_4$, $\vec{w} = \vec{v}_2 - \vec{v}_3$ son linealmente dependientes.

35. Demuestre que si los vectores $\vec{u}+\vec{v}$ y $\vec{u}-\vec{v}$ son colineales, entonces los vectores $\vec{u}$ y $\vec{v}$ son colineales. ¿Vale la afirmación recíproca?

36. Suponga que los vectores $\vec{u}$ y $\vec{v} \in \mathbb{R}^3$ forman entre sí un ángulo de $\pi/4$. Demuestre que $\vec{u}\cdot\vec{v} = ||\vec{u}\times\vec{v}||$.

37. Suponga que los vectores $\vec{u}$ y $\vec{v} \in \mathbb{R}^3$ son vectores unitarios que forman entre sí un ángulo de $\pi/6$. Calcule $||\vec{u}\times\vec{v}||$.

38. Suponga que los vectores $\vec{u}$ y $\vec{v} \in \mathbb{R}^3$ forman entre sí un ángulo de $\pi/6$. Si $||\vec{u}|| = 6$, $||\vec{v}|| = 5$, calcule $||\vec{u}\times\vec{v}||$.

39. Sean $\vec{u}$ y $\vec{v} \in \mathbb{R}^3$ dos vectores cuyas normas son 3 y 7 respectivamente. Si $\vec{u}\cdot\vec{v} = 5$, calcule $||\vec{u}\times\vec{v}||$.

40. Sean $\vec{u}$ y $\vec{v} \in \mathbb{R}^3$ dos vectores cuyas normas son 3 y 7 respectivamente. Si $||\vec{u}\times\vec{v}|| = 5$, calcule $\vec{u}\cdot\vec{v}$.

41. Sean $\vec{u}$ y $\vec{v} \in \mathbb{R}^3$ dos vectores ortogonales con normas 4 y 2 respectivamente. Calcule $||(\vec{u}+2\vec{v})\times(3\vec{u}-\vec{v})||$.

42. Demuestre que para cualquiera de los dos vectores $\vec{u}$ y $\vec{v} \in \mathbb{R}^3$ se cumple $||\vec{u}\times\vec{v}||^2 + (\vec{u}\cdot\vec{v})^2 = ||\vec{u}||^2||\vec{v}||^2$.

43. Demuestre que una condición necesaria y suficiente para que los vectores $\vec{u}, \vec{v}$ y $\vec{w} \in \mathbb{R}^3$ sean coplanares (es decir, que se encuentren en un mismo plano) es que $\vec{u}\vec{v}\vec{w} = 0$.

44. En los ejercicios siguientes, determine si los vectores dados son coplanares o no. En caso de que lo sean, encuentre la ecuación del plano en que se encuentran.

    a) $\vec{u} = (1,2,1)$, $\vec{v} = (1,-1,0)$, $\vec{w} = (2,1,0)$.

    b) $\vec{u} = (2,1,1)$, $\vec{v} = (2,3,4)$, $\vec{w} = (2,-1,-2)$.

    c) $\vec{u} = (1,1,3)$, $\vec{v} = (3,1,1)$, $\vec{w} = (1,3,8)$.

    d) $\vec{u} = (2,0,1)$, $\vec{v} = (3,1,0)$, $\vec{w} = (2,2,3)$.

45. Un bateador golpea una pelota de béisbol de modo que ésta sale del bate a una rapidez $\vec{v}_0 = 37$ m/s con un ángulo $\theta = 53.1°$, en un lugar donde $\vec{g} = 9.8$ m/s^2. a) Calcule la posición de la pelota y la magnitud y dirección de su velocidad cuando $t = 2$ s. b) Determine cuándo la pelota alcanza el punto más alto y su altura h en ese punto. c) Obtenga el alcance horizontal R, es decir, la distancia horizontal desde el punto de partida hasta donde la pelota cae al suelo.

46. Usted lanza una pelota desde su ventana a 8 m del suelo. Cuando la pelota sale de su mano, se mueve a 10 m/s con un ángulo de 20°, debajo de la horizontal. ¿A qué distancia horizontal de su ventana la pelota llegará al piso? Desprecie la resistencia del aire.

Capítulo 2

Ecuaciones de líneas y planos

Ecuaciones de Líneas: Imagina que estás en un parque y ves un camino recto. Ese camino puede ir hacia muchas direcciones: puede ser recto de un punto a otro, puede ir hacia arriba como una colina, o hacia abajo. En matemáticas, una ecuación de línea es como un mapa que nos dice cómo es ese camino. Nos dice en qué dirección va y qué tan empinado es. Por ejemplo, cuando dibujas una línea recta en un papel, estás usando una ecuación de línea para mostrar el camino de un punto a otro.

Ecuaciones de Líneas en el Dibujo: Imagina que estás dibujando un paisaje con montañas en el fondo. Cuando dibujas las montañas, utilizas líneas para mostrar dónde están los picos y las laderas. Estas líneas representan caminos o direcciones en tu dibujo. En matemáticas, las ecuaciones de líneas son como las reglas que te dicen cómo hacer esas líneas para que se vean como montañas reales, mostrando si van hacia arriba, hacia abajo, son rectas o inclinadas.

Ecuaciones de Planos: Ahora, piensa en un gran campo de fútbol. Este campo es como un "plano"en matemáticas. Un plano es como una superficie plana muy grande. La ecuación de un plano nos dice cómo se ve esa superficie: si está inclinada, si es completamente plana, o si está a un nivel diferente en un extremo que en el otro. Así como un campo de fútbol tiene líneas marcadas para mostrar diferentes áreas, en matemáticas usamos ecuaciones de planos para describir diferentes áreas en el espacio. En la vida real, las ecuaciones de líneas y planos nos ayudan en muchas cosas.

Ecuaciones de Planos en la Construcción de Maquetas: Ahora imagina que estás construyendo una maqueta o un modelo de Lego. Cada pieza que pones forma parte de una superficie plana. Estas superficies planas pueden ser como los pisos de un edificio o las paredes de una casa en tu maqueta. En matemáticas, las ecuaciones de planos son como las instrucciones que te dicen cómo deben ser esas superficies: si están inclinadas, son completamente planas o están a diferentes niveles. Por ejemplo:

Los arquitectos las usan para diseñar edificios y asegurarse de que todo esté nivelado y en línea.

En los videojuegos, las ecuaciones de líneas y planos se usan para crear los caminos por los que se mueven los personajes y los mundos en los que juegan. Entonces, las ecuaciones de líneas y planos son como instrucciones o mapas que nos dicen cómo son los caminos, superficies y espacios a nuestro alrededor, y son muy importantes para construir cosas, para el diseño y para muchas otras actividades divertidas y útiles. En la vida real, las ecuaciones de líneas y planos nos ayudan a crear y entender muchas cosas. Los artistas las usan para hacer dibujos realistas, los constructores las utilizan para hacer edificios y casas, y también son importantes para diseñar cosas como parques, juegos y hasta para planificar rutas en mapas. Son herramientas esenciales para describir y trabajar con el espacio y las formas a nuestro alrededor.

Una línea en el plano $\vec{xy}$ se determina cuando se dan un punto sobre la línea y la dirección de está (su pendiente o ángulo de inclinación). La ecuación de la línea se puede escribir entonces con la forma punto-pendiente.

De igual forma, una línea L en el espacio tridimensional se determina cuando se conoce un punto $P_0(x_0,y_0,z_0)$ sobre L y la dirección de L. En tres dimensiones la dirección de una línea se describe convenientemente por un vector, así que sea $\vec{v}$ un vector paralelo a L. Sea $P(x,y,z)$ un punto arbitrario sobre L y Sean $\vec{r}_0$ y $\vec{r}$ los vectores posición de P_0 y P (es decir, tiene representaciones $\vec{OP_0}$ y $\vec{OP}$). Si $\vec{a}$ es el vector con representación $\vec{P_0P}$, como se muestra en la siguiente figura

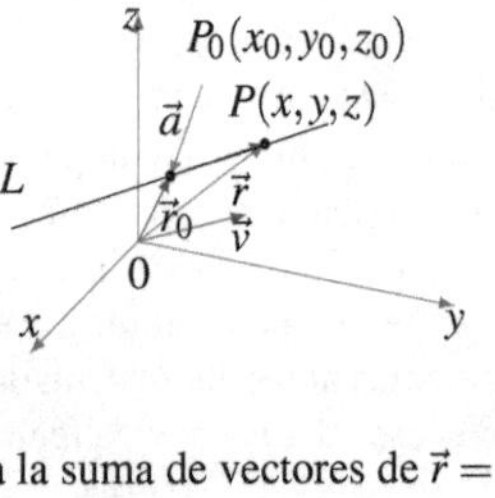

Entonces la ley del triángulo para la suma de vectores de $\vec{r}=\vec{r}_0+\vec{a}$.
Pero puesto que $\vec{a}$ y $\vec{v}$ son vectores paralelos, hay un escalar t tal que $\vec{a}=t\vec{v}$. Así

$$\vec{r}=\vec{r}_0+t\vec{v} \tag{2.1}$$

que es una **ecuación vectorial** de L. Cada valor del **perímetro** t da el vector de posición $\vec{r}$ de un punto sobre L. En otras palabras, cuando t varía, la línea es trazada por la punta del vector $\vec{r}$.

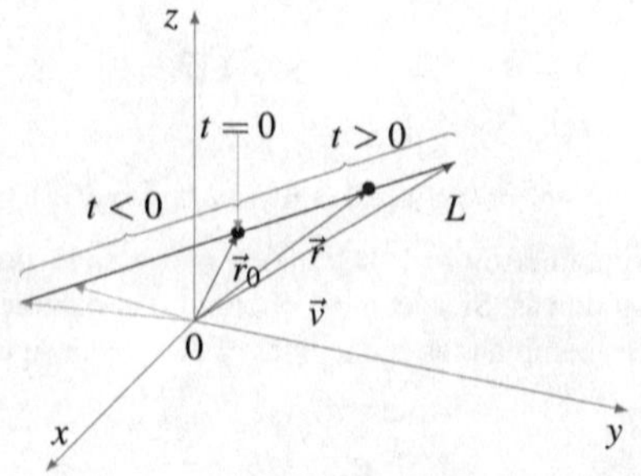

Como se indica en la gráfica los valores positivos de t, corresponden a puntos sobre L que están sobre un lado de P_0, mientras que los valores negativos de t corresponden a puntos que están sobre el otro lado de P_0.
Si el vector $\vec{v}$ queda en la dirección de la línea L se escribe en forma de componente como $\vec{v} = (a,b,c)$, entonces se tiene $t\vec{v} = (ta,tb,tc)$. Se puede escribir también $\vec{r} = (x,y,z)$ y $\vec{r}_0 = (x_0,y_0,z_0)$, por lo tanto la ecuación vectorial 1. Se transforma en

$$(x,y,z) = (x_0 + ta, y_0 + tb, z_0 + tc).$$

Dos vectores son iguales si y sólo si las componentes correspondientes son iguales. Por lo tanto, se tienen tres ecuaciones escalares.

$$x = x_0 + ta, \quad y = y_0 + tb, \quad z = z_0 + tc$$

donde $t \in \mathbb{R}$. Estas ecuaciones se llaman **ecuaciones paramétricas** de la línea L que pasa por el punto $P_0 = (x_0,y_0,z_0)$ y es paralelo al vector $\vec{v} = (a,b,c)$. Cada valor del parámetro t da un punto (x,y,z) en L.

Nota 2.0.1. Ecuaciones paramétricas para una recta que pasa por el punto (x_0,y_0,z_0) y paralela al vector de dirección (a,b,c) son

$$x = x_0 + ta, \quad y = y_0 + tb, \quad z = z_0 + tc \tag{2.2}$$

Ejemplo 67. Encuentre una ecuación vectorial y las ecuaciones paramétricas para la línea que pasa por el punto $(5,1,3)$ y es paralelo al vector $\hat{i} + 4\hat{j} - 2\hat{k}$. Encuentre otros dos puntos sobre la recta.

Demostración. Aquí $\vec{r}_0 = (5,1,3) = 5\hat{i} + \hat{j} + 3\hat{k}$ y $\vec{v} = \hat{i} + 4\hat{j} - 2\hat{k}$, Así que la ecuación vectorial se convierte en:

$$\vec{r} = (5\hat{i} + \hat{j} + 3\hat{k}) + t(\hat{i} + 4\hat{j} - 2\hat{k})$$

o bien

$$\vec{r} = (t+5)\hat{\imath} + (1+4t)\hat{\jmath} + (3-2t)\hat{k}$$

las ecuaciones paramétricas son

$$x = 5+t, \quad y = 1+4t, \quad z = 3-2t.$$

La elección del valor del parámetro $t = 1$ da $x = 6$, $y = 5$ y $z = 1$ por lo tanto $(6,5,1)$ es un punto sobre la línea no son únicas. Si se cambia el punto o el parámetro, o se elige un vector paralelo diferente, entonces cambian las ecuaciones. Tenemos la siguiente gráfica

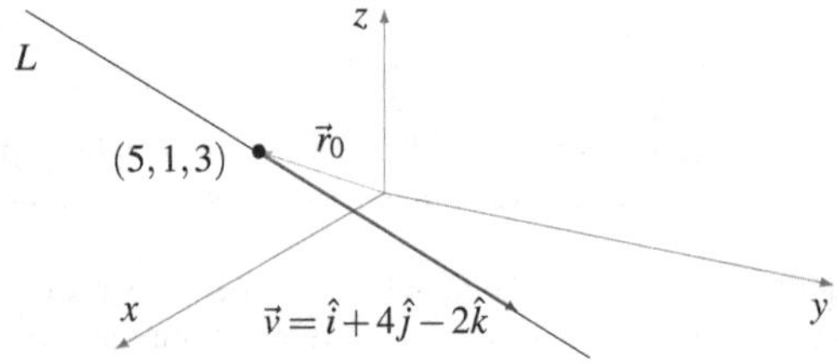

Por Ejemplo, si en lugar de $(5,1,3)$, se dirige el punto $(6,5,1)$ en el ejemplo anterior, entonces las ecuaciones paramétricas de la línea se convierte en

$$x = 6+t, \quad y = 5+4t, \quad z = 1-2t,$$

o bien, si se permanece con el punto $(5,1,3)$ pero se elige un vector paralelo $2\hat{\imath} + 8\hat{\jmath} - 4\hat{k}$, se llega a las ecuaciones $x = 5+2t$, $y = 1+8t$, $z = 3-4t$. □

Ejemplo 68. Encuentre una ecuación vectorial y las ecuaciones paramétricas para la línea que pasa por el punto $(5,0,2)$ y es paralelo al vector $3\hat{\imath} - \hat{\jmath} + \hat{k}$. Encuentre otros dos puntos sobre la recta.

Demostración. Aquí $\vec{r}_0 = (5,0,2) = 5\hat{\imath} + 2\hat{k}$ y $\vec{v} = 3\hat{\imath} - \hat{\jmath} + \hat{k}$, Así que la ecuación vectorial se convierte en:

$$\vec{r} = (5\hat{\imath} + 2\hat{k}) + t(3\hat{\imath} - \hat{\jmath} + \hat{k})$$

o bien

$$\vec{r} = (5+3t)\hat{\imath} + (0-t)\hat{\jmath} + (2+t)\hat{k}$$

las ecuaciones paramétricas son

$$x = 5+3t, \quad y = -t, \quad z = 2+t.$$

La elección del valor del parámetro $t = 1$ da $x = 8$, $y = -1$ y $z = 3$ por lo tanto $(8,-1,3)$ es un punto sobre la línea no son únicas. Si se cambia el punto o el parámetro, o se elige un vector paralelo diferente, entonces cambian las ecuaciones. Tenemos la siguiente gráfica

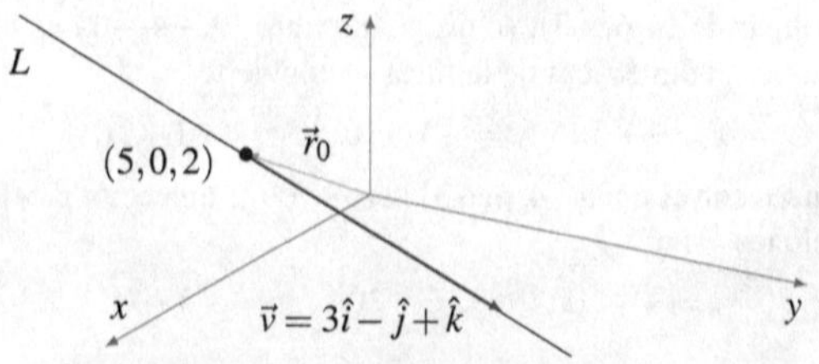

Por ejemplo, si en lugar de $(5,0,2)$, se dirige el punto $(8,-1,3)$ en el ejemplo anterior, entonces las ecuaciones paramétricas de la línea se convierte en

$$x = 8 + 3t, \quad y = -1 - t, \quad z = 3 + t.$$

o bien, si se permanece con el punto $(5,0,2)$ pero se elige un vector paralelo $9\hat{\imath} - 3\hat{\jmath} + 3\hat{k}$, se llega a las ecuaciones $x = 5 + 9t$, $y = -3t$, $z = 2 + 3t$.

Ejemplo 69. Encuentre una ecuación vectorial y las ecuaciones paramétricas para la línea que pasa por el punto $(4,6,-3)$ y es paralelo al vector $5\hat{\imath} - 10\hat{\jmath} + 2\hat{k}$. Encuentre otros dos puntos sobre la recta.

Demostración. Aquí $\vec{r}_0 = (4,6,-3) = 4\hat{\imath} + 6\hat{\jmath} - 3\hat{k}$ y $\vec{v} = 5\hat{\imath} - 10\hat{\jmath} + 2\hat{k}$, Así que la ecuación vectorial se convierte en:

$$\vec{r} = (4\hat{\imath} + 6\hat{\jmath} - 3\hat{k}) + t(5\hat{\imath} - 10\hat{\jmath} + 2\hat{k})$$

o bien

$$\vec{r} = (4 + 5t)\hat{\imath} + (6 - 10t)\hat{\jmath} + (-3 + 2t)\hat{k}.$$

las ecuaciones paramétricas son

$$x = 4 + 5t, \quad y = 6 - 10t, \quad z = -3 + 2t.$$

La elección del valor del parámetro $t = 1$ da $x = 9$, $y = -4$ y $z = -1$ por lo tanto $(9,-4,-1)$ es un punto sobre la línea no son únicas. Si se cambia el punto o el parámetro, o se elige un vector paralelo diferente, entonces cambian las ecuaciones. Tenemos la siguiente gráfica

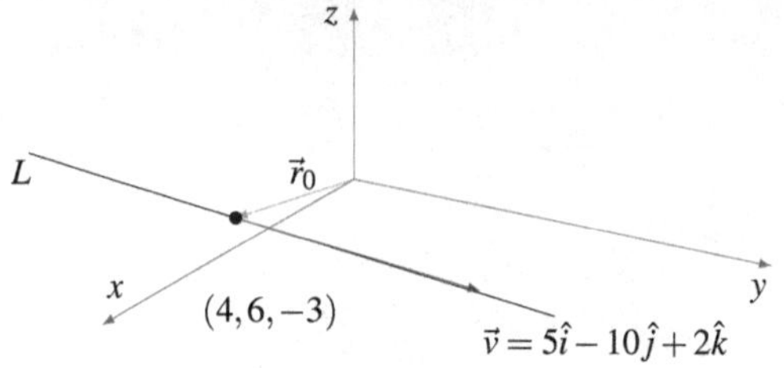

Por ejemplo, si en lugar de $(4,6,-3)$, se dirige el punto $(9,-4,-1)$ en el ejemplo anterior, entonces las ecuaciones paramétricas de la línea se convierte en

$$x = 9+5t, \quad y = -4-10t, \quad z = -1+2t.$$

o bien, si se permanece con el punto $(4,6,-3)$ pero se elige un vector paralelo $10\hat{\imath}-20\hat{\jmath}+4\hat{k}$, se llega a las ecuaciones

$$x = 4+10t, \quad y = 6-20t, \quad z = -3+4t.$$

Ejemplo 70. Encuentre una ecuación vectorial y las ecuaciones paramétricas para la línea que pasa por el punto $(4,6,-7)$ y es paralelo al vector $3\hat{\imath}+\frac{1}{2}\hat{\jmath}-\frac{3}{2}\hat{k}$. Encuentre otros dos puntos sobre la recta.

Demostración. Aquí $\vec{r}_0 = (4,6,-7) = 4\hat{\imath}+6\hat{\jmath}-7\hat{k}$ y $\vec{v} = 3\hat{\imath}+\frac{1}{2}\hat{\jmath}-\frac{3}{2}\hat{k}$, Así que la ecuación vectorial se convierte en:

$$\vec{r} = (4\hat{\imath}+6\hat{\jmath}-7\hat{k})+t\left(3\hat{\imath}+\frac{1}{2}\hat{\jmath}-\frac{3}{2}\hat{k}\right)$$

o bien

$$\vec{r} = (4+3t)\hat{\imath}+\left(6+\frac{1}{2}t\right)\hat{\jmath}+\left(-7-\frac{3}{2}t\right)\hat{k}.$$

las ecuaciones paramétricas son

$$x = 4+3t, \quad y = 6+\frac{1}{2}t, \quad z = -7-\frac{3}{2}t.$$

La elección del valor del parámetro $t = 1$ da $x = 7$, $y = \frac{13}{2}$ y $z = -\frac{17}{2}$ por lo tanto $\left(7,\frac{13}{2},-\frac{17}{2}\right)$ es un punto sobre la línea no son únicas. Si se cambia el punto o el parámetro, o se elige un vector paralelo diferente, entonces cambian las ecuaciones. Tenemos la siguiente gráfica

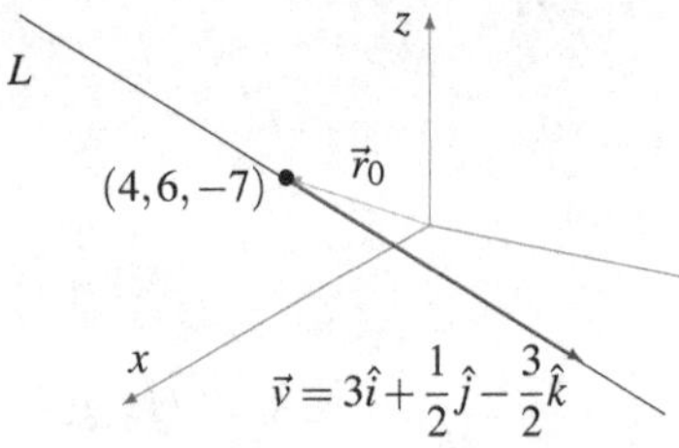

Por ejemplo, si en lugar de $(4,6,-7)$, se dirige el punto $\left(7,\frac{13}{2},-\frac{17}{2}\right)$ en el ejemplo anterior, entonces las ecuaciones paramétricas de la línea se convierte en

$$x=7+3t, \quad y=\frac{13}{2}+\frac{1}{2}t, \quad z=-\frac{17}{2}-\frac{3}{2}t.$$

o bien, si se permanece con el punto $(4,6,-7)$ pero se elige un vector paralelo $6\hat{\imath}+\hat{\jmath}-3\hat{k}$, se llega a las ecuaciones

$$x=4+6t, \quad y=6+t, \quad z=-7-3t.$$

Ejemplo 71. Encuentre una ecuación vectorial y las ecuaciones paramétricas para la línea que pasa por el punto $(1,8,-2)$ y es paralelo al vector $-7\hat{\imath}-8\hat{\jmath}+0\hat{k}$. Encuentre otros dos puntos sobre la recta.

Demostración. Aquí $\vec{r}_0=(1,8,-2)=1\hat{\imath}+8\hat{\jmath}-2\hat{k}$ y $\vec{v}=-7\hat{\imath}-8\hat{\jmath}+0\hat{k}$, Así que la ecuación vectorial se convierte en:

$$\vec{r}=(\hat{\imath}+8\hat{\jmath}-2\hat{k})+t(-7\hat{\imath}-8\hat{\jmath}+0\hat{k})$$

o bien

$$\vec{r}=(1-7t)\hat{\imath}+(8-8t)\hat{\jmath}+(-2+0t)\hat{k}.$$

las ecuaciones paramétricas son

$$x=1-7t, \quad y=8-8t, \quad z=-2+0t.$$

La elección del valor del paramétro $t=1$ da $x=8$, $y=-1$ y $z=3$ por lo tanto $(8,-1,3)$ es un punto sobre la línea no son únicas. Si se cambia el punto o el parámetro, o se elige un vector paralelo diferente, entonces cambian las ecuaciones. Tenemos la siguiente gráfica

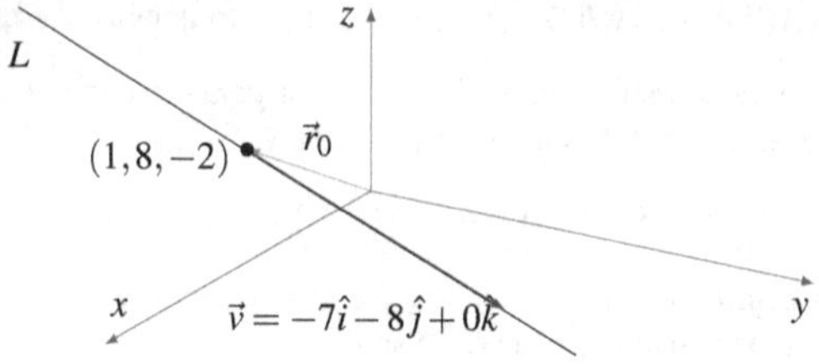

Por ejemplo, si en lugar de $(1,8,-2)$, se dirige el punto $(8,-1,3)$ en el ejemplo anterior, entonces las ecuaciones paramétricas de la línea se convierte en

$$x = 8 - 7t, \quad y = -1 - 8t, \quad z = 3 + 0t.$$

o bien, si se permanece con el punto $(4,6,-7)$ pero se elige un vector paralelo $-21\hat{\imath} - 24\hat{\jmath} + 0\hat{k}$, se llega a las ecuaciones

$$x = 1 - 21t, \quad y = 8 - 24t, \quad z = -2 + 0t.$$

En general, si un vector $\vec{v} = (a,b,c)$ se cumple para describir la dirección de una línea L, entonces los números a,b,c se llaman **números directores** de L. Puesto que se podría usar cualquier vector paralelo a $\vec{v}$ se ve que tres números cualquiera proporcionales a a,b y c se podrían usar también como un conjunto de números directores para L. Otra forma de describir una línea L es eliminar el parámetro t de las ecuaciones (2.2). Si ninguna de las literales a,b o c es 0, se puede resolver cada una de estas ecuaciones para t, igualar los resultados y obtener

$$\frac{x - x_0}{a} = \frac{y - y_0}{b} = \frac{z - z_0}{c}. \tag{2.3}$$

Estas ecuaciones se llaman **ecuaciones simétricas** de L. Observe que los números a,b y c que aparecen en los denominadores de las ecuaciones (2.3) son los números directores de L, es decir, los componentes de un vector paralelo a L. Si una de las literales a,b o c es cero, se puede eliminar a t.

Observación 6. *si $a = 0$, se podrian escribir las ecuaciones de L como*

$$x = x_0 \quad \frac{y - y_0}{b} = \frac{z - z_0}{c}$$

Esto significa que L yace en el plano vertical $x = x_0$.

Ejemplo 72. Encuentre las ecuaciones paramétricas y las simétricas de la recta que pasa a través de los puntos $A(2,4,-3)$ y $B(3,-1,1)$ ¿En qué punto intersecta esta recta el plano xy?

Demostración. No se da de manera explicita un vector paralelo a la línea, pero observe que el vector $\vec{v}$ con representación $\vec{AB}$ es paralela a la línea y,

$$\vec{v} = (3-2, -1-4, 1-(-3)) = (1,-5,4).$$

Así, los números directores son $a = 1$, $b = -5$ y $c = 4$. Si se toma el punto $(2,4,-3)$, como P_0 se ve que las ecuaciones paramétricas (2.2) son:

$$x = 2 + t, \quad y = 4 - 5t, \quad z = -3 + 4t,$$

y las ecuaciones simétricas (2.3) son

$$\frac{x-2}{1} = \frac{y-4}{-5} = \frac{z+3}{4}$$

Se muestra la línea L y el punto P donde cruza el plano xy.

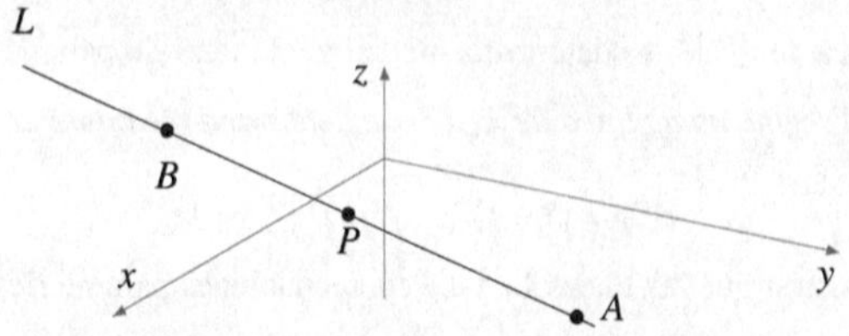

La línea cruza el plano xy cuando $z = 0$, así que se pone $z = 0$ en las ecuaciones simétricas y se obtiene:

$$\frac{x-2}{1} = \frac{y-4}{-5} = \frac{3}{4}$$

Esto da $x = \frac{11}{4}$ y $y = \frac{1}{4}$, así que la línea corta el plano xy en el punto $\left(\frac{11}{4}, \frac{1}{4}, 0\right)$.

En general, el procedimiento de este ejemplo muestra que los números directores de la línea L que pasa por los puntos $P_0(x_0, y_0, z_0)$ y $P_1(x_1, y_1, z_1)$ son $x_1 - x_0, y_1 - y_0$ y $z_1 - z_0$ por lo tanto, las ecuaciones simétricas de L son:

$$\frac{x - x_0}{x_1 - x_0} = \frac{y - y_0}{y_1 - y_0} = \frac{z - z_0}{z_1 - z_0}.$$

Con frecuencia se necesita una descripción, no de una recta en su totalidad de recta. por ejemplo: ¿Cómo podría descubrir el segmento de recta $\vec{AB}$ en el ejemplo anterior?

Si se escribe $t = 0$ en las ecuaciones paramétricas del ejemplo anterior, se obtiene el punto $(2, 4, -3)$ y si se escribe $t = 1$ se obtiene $(3, -1, 1)$. Así que el segmento de recta $\vec{AB}$ se describe mediante las ecuaciones paramétricas.

$$\begin{aligned} x &= \ 2 + t \\ y &= \ 4 - 5t, \quad 0 \le t \le 1, \\ z &= \ -3 + 4t \end{aligned}$$

o por la ecuación vectorial correspondiente,

$$\vec{r}(t) = (2+t, 4-5t, -3+4t),\ 0 \le t \le 1.$$

En general, se sabe de la ecuación (2.1) que la ecuación vectorial de una línea que pasa por (la punta de) el vector $\vec{r}_0$ en la direccón de un vector $\vec{v}$ es $\vec{r} = \vec{r}_0 + t\vec{v}$. Si la recta pasa también por (la punta de) $\vec{r}_1$ entonces se puede tomar $\vec{v} = \vec{r}_1 - \vec{r}_0$ y por lo tanto, su ecuación vectorial es:

$$\vec{r} = \vec{r}_0 + t(\vec{r}_1 - \vec{r}_0) = (1-t)\vec{r}_0 + t\vec{r}_1$$

El segmento de línea de $\vec{r}_0$ a $\vec{r}_1$ se determina mediante el intervalo paramétrico $0 \le t \le 1$.

Observación 7. *El segmento de línea de $\vec{r}_0$ a $\vec{r}_1$ se determina mediante la ecuación vectorial*

$$\vec{r}(t) = (1-t)\vec{r}_0 + t\vec{r}_1,\ 0 \le t \le 1. \tag{2.4}$$

Ejemplo 73. Demostrar que las líneas L_1 y L_2 con ecuaciones paramétricas

$$L_1: \quad x = 1+t, \quad y = -2+3t, \quad z = 4-t,$$
$$L_2: \quad x = 2s, \quad y = 3+s, \quad z = -3+4s.$$

Son **Líneas Oblicuas**; es decir, no se intersecan y no son paralelas (y, por lo tanto, no yacen en el mismo plano).

Demostración. Las líneas no son paralelas porque los vectores correspondientes $(1,3,-1)$ y $(2,1,4)$ no son paralelos. (sus componentes no son proporcionales).

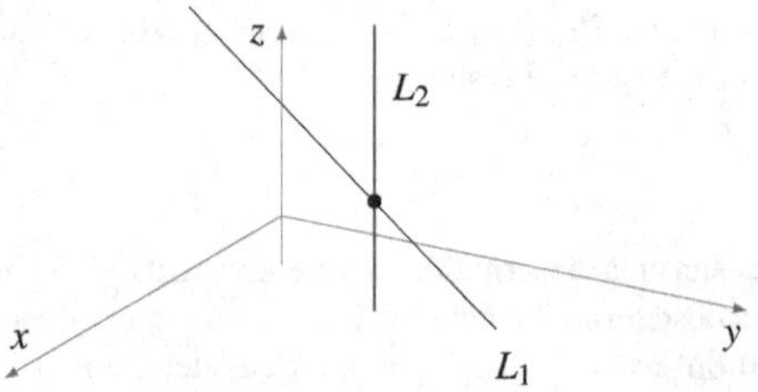

Si L_1 y L_2 tuvieran un punto de intersección, habría valores de t y s tales que

$$\begin{aligned} 1+t &= 2s \\ -2+3 &= 3+s \\ 4-t &= -3+4s \end{aligned}$$

pero si se resuelven las dos primeras ecuaciones, se obtiene

$$t = \frac{11}{5} \text{ y } s = \frac{8}{5},$$

y estos valores de t y de s que satisfagan simultáneamente las tres ecuaciones. Así, L_1 y L_2 no se intersecan. En consecuencias L_1 y L_2 son líneas oblicuas.

2.1. Planos

Aunque una recta en el espacio está determinada por un punto y una dirección un plano en el espacio es más difícil de describir. Un vector único paralelo a un plano no basta para definir la "dirección"del plano, pero un vector perpendicular al plano sí la especifica. Así pues, un plano en el espacio está determinado por un punto $P_0 = (x_0, y_0, y_0)$ en el plano y un vector $\vec{n}$ que es ortogonal del plano. Este vector ortogonal $\vec{n}$ se llama **vector normal**, sea $P = (x, y, z)$ un punto arbitrario en el plano, y sean $\vec{r}_0$ y $\vec{r}$ los vectores posición de P_0 y P. Entonces, el vector $\vec{r} - \vec{r}_0$ está representado por P_0P.

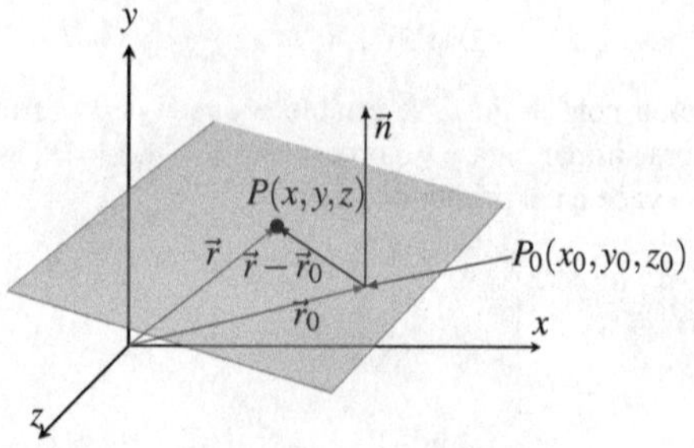

El vector normal $\vec{n}$ es ortogonal a cada vector en un plano determinado. En particular, $\vec{n}$ es ortogonal a $\vec{r} - \vec{r}_0$, por lo que tenemos

$$\vec{n} \cdot (\vec{r} - \vec{r}_0) = 0 \tag{2.5}$$

que puede expresarse de nuevo como

$$\vec{n} \cdot \vec{r} = \vec{n} \cdot \vec{r}_0. \tag{2.6}$$

Las ecuaciones (2.5) y (2.6) se llaman **ecuación vectoriales del plano**.

Para obtener una ecuación escalar del plano, escribimos $\vec{n} = (a,b,c)$, $\vec{r} = (x,y,z)$ y $\vec{r}_0 = (x_0,y_0,z_0)$. Así que la ecuación vectorial (2.5) se convierte en

$$(a,b,c)\cdot(x-x_0,y-y_0,z-z_0) = 0.$$

O bien, la ecuación es la **ecuación escalar del plano a través de** $P_0 = (x_0,y_0,z_0)$ con el **vector normal** $\vec{n} = (a,b,c)$ es

$$a(x-x_0)+b(y-y_0)+c(z-z_0) = 0. \tag{2.7}$$

Ejemplo 74. Calcule una ecuación del plano que pase por el punto $(2,4,-1)$ con **vector normal** $\vec{n} = (a,b,c) = (2,3,4)$. Halle las intersecciones y dibuje el plano.

Demostración. Si se escribe $a = 2$, $b = 3$, $c = 4$, $x_0 = 2$, $y_0 = 4$, $z_0 = -1$ en la ecuación (2.7) se ve que una ecuación del plano es

$$2(x-2)+3(y-4)+4(z+1) = 0$$

o bien,

$$2x+3y+4z = 12$$

Para hallar la intersección con el eje x, se establece que $y = 0 = z$ en esta ecuación y se obtiene $x = 6$. De manera similar para y y z obtenemos $y = 4$, $z = 3$. Esto permite bosquejar la porción del plano que yace en el primer octante.

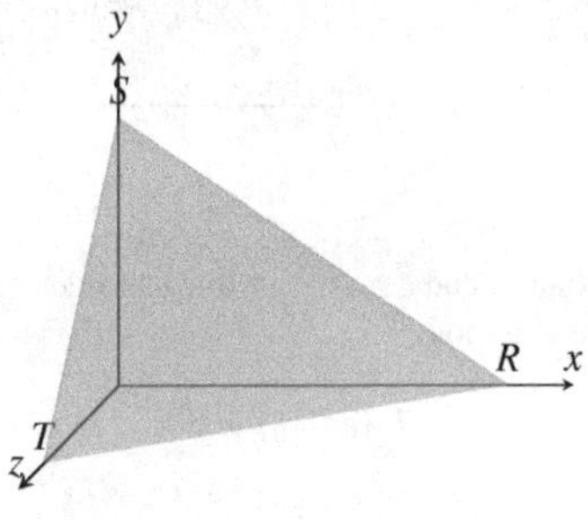

Donde $R = (6,0,0)$, $S = (0,4,0)$ y $T = (0,0,3)$. □

Ejemplo 75. Calcule una ecuación del plano que pase por el punto $(4,0,-3)$ y con vector normal $\vec{n} = (0,1,2)$.

Demostración. Si se escribe $a=0, b=1, c=2$,

$$x_0=4, y_0=0, z_0=-3.$$

Se ve que una ecuación del plano es

$$0(x-4)+1(y-0)+2(z+3)=0$$

luego $y+2z+6=0$.

Ejemplo 76. Calcule una ecuación del plano que pase por el punto $(3,1,2)$ y con vector normal $\vec{n}=(1,2,-3)$.

Demostración. Si se escribe $a=1, b=2, c=-3$,

$$x_0=3, y_0=1, z_0=2.$$

Se ve que una ecuación del plano es

$$1(x-3)+2(y-1)-3(z-2)=0,$$

luego $x-2y-3z+1=0$.

Ejemplo 77. Calcule una ecuación del plano que pase por el punto $(-3,2,5)$ y con vector normal $\vec{n}=(6,-3,-2)$.

Demostración. Si se escribe $a=6, b=-3, c=-2$,

$$x_0=-3, y_0=2, z_0=5.$$

Se ve que una ecuación del plano es

$$6(x+3)-3(y-2)-3(z-5)=0,$$

luego $6x-3y-3z+39=0$.

Al reunir los términos en la ecuación (2.7) como se hizo en el ejemplo anterior, se puede reescribir la ecuación del plano como:

$$ax+by+cz+d=0 \tag{2.8}$$

donde $d=-(ax_0+by_0+cz_0)$. La ecuación (2.8) se llama **ecuación lineal** en x, y y z. A la inversa, se demuestra que si a, b y c no son 0, entonces la ecuación lineal (2.8) representa un plano con vector normal (a,b,c).

Ejemplo 78. Determinar la ecuación del plano perpendicular al vector $(1,1,1)$ que contiene al punto $(1,0,0)$.

Demostración. De la ecuación (2.7), la ecuación del plano es

$$1(x-1)+1(y-0)+1(z-0)=0;$$

esto es, $x+y+z=1$.

Ejemplo 79. Encuentre una ecuación del plano que contiene a los puntos $P=(1,1,1), Q=(2,0,0)$ y $R=(1,1,0)$.

Demostración. **Método 1**: este es un método de "fuerza bruta"que se puede usar cuando se han olvidado los métodos vectoriales. La ecuación de cualquier plano es de la forma $Ax+By+Cz+D=0$. Como los puntos $(1,1,1),(2,0,0)$ y $(1,1,0)$ están en el plano tenemos que

$$\begin{cases} A & +B & +C & +D & = & 0 \\ 2A & & & D & = & 0 \\ A & +B & & D & = & 0. \end{cases}$$

Por eliminación, reducimos este sistema de ecuaciones a

$$\begin{cases} 2A+D & =0 \\ 2B+D & =0 \\ C & =0. \end{cases}$$

Resolviendo el sistema para conectar A,B,C y D tenemos:

$$A=1, D=-2, B=1, C=0$$

Así la ecuación del plano que contiene a los puntos dados es $x+y-2=0$.

Método 2: sean $P=(1,1,1)$, $Q=(2,0,0)$, $R=(1,1,0)$ cualquier vector normal al plano ha de ser ortogonal a los vectores $\overline{QP}$ y $\overline{RP}$ que son paralelos al plano, ya que sus puntos inicial y final están en éste. Por tanto, $\vec{n}=\overline{QP}\times\overline{RP}$ es normal al plano. Calculando el producto vectorial tenemos:

$$\vec{n}=\begin{vmatrix} \hat{\imath} & \hat{\jmath} & \hat{k} \\ -1 & 1 & 1 \\ 0 & 0 & 1 \end{vmatrix}=\hat{\imath}+\hat{\jmath}.$$

Como el punto $(2,0,0)$ esta en el plano concluiremos que la ecuación viene dada por

$$1(x-2)+1(y-0)+0(z-0)=0,$$

luego la ecuación del plano es $x+y-2=0$.

Ejemplo 80. Determine la ecuación del plano que contiene a los puntos $P=(3,4,1), Q=(1,7,1)$ y $R=(-1,-2,5)$.

Demostración. **Método 1** Este es un método de "fuerza bruta"que se puede usar cuando se han olvidado los métodos vectoriales. La ecuación de cualquier plano es de la forma $Ax+By+Cz+D=0$. Como los puntos $(3,4,1)$, $(1,7,1)$ y $(-1,-2,5)$ están en el plano tenemos que

$$\begin{cases} 3A & +4B & +C & +D & = & 0 \\ A & +7B & +C & +D & = & 0 \\ -A & -2B & +5C & +D & = & 0 \end{cases}$$

Por eliminación, reducimos este sistema de ecuaciones a

$$\begin{cases} A+\dfrac{-3}{23}D & =0 \\ B+\dfrac{-2}{23}D & =0 \\ C+\dfrac{-6}{23}D & =0 \end{cases}$$

Resolviendo el sistema para conectar A,B,C y D tenemos:

$$A=\frac{-3}{23},\quad D=1,\quad B=\frac{-2}{23},\quad C=\frac{-6}{23}$$

Así la ecuación del plano que contiene a los puntos dados es $3x+2y+6z-23=0$.

Método 2 Sean $P=(3,4,1)$, $Q=(1,7,1)$, $R=(-1,-2,5)$ cualquier vector normal al plano ha de ser ortogonal a los vectores $QP=(2,-3,0)$ y $RP=(4,6,-4)$ que son paralelos al plano, ya que sus puntos inicial y final están en éste. Por tanto, $\vec{n}=QP\times RP$ es normal al plano. Calculando el producto vectorial tenemos:

$$\begin{aligned} \vec{n} &= \begin{vmatrix} \hat{i} & \hat{j} & \hat{k} \\ 2 & -3 & 0 \\ 4 & 6 & -4 \end{vmatrix} = \hat{i}\begin{vmatrix} -3 & 0 \\ 6 & -4 \end{vmatrix} - \hat{j}\begin{vmatrix} 2 & 0 \\ 4 & -4 \end{vmatrix} + \hat{k}\begin{vmatrix} 2 & -3 \\ 4 & 6 \end{vmatrix} \\ &= 12\hat{i}+8\hat{j}+24\hat{k}. \end{aligned}$$

Como el punto $(1,7,1)$ esta en el plano concluiremos que la ecuación viene dada por

$$12(x-1)+8(y-7)+24(z-1)=0,$$

luego la ecuación del plano es $3x+2y+6z-23=0$.

Ejemplo 81. Encuentre una ecuación del plano que sea perpendicular a la recta que pasa por los puntos $P=(2,2,-4)$ y $Q=(7,-1,3)$ y que contiene al punto $R=(-5,1,2)$.

Demostración. Sea $\vec{v}$ el vector paralelo a la recta que pasa por los puntos $P=(2,2,-4)$ y $Q=(7,-1,3)$, tenemos $\vec{v}=(7-2,-1-2,3-(-4))=(5,-3,7)$ es perpendicular al plano con vector normal $\vec{n}$, entonces $\vec{n}$ y $\vec{v}$ son paralelos, por lo tanto $\vec{n}\times\vec{v}=0$ por lo que

$$\begin{aligned}\vec{n}\times\vec{v} &= \begin{vmatrix} \hat{\imath} & \hat{\jmath} & \hat{k} \\ 5 & -3 & 7 \\ a & b & c \end{vmatrix} = (-3c-7b)\hat{\imath}-(5c-7a)\hat{\jmath}+(5b+3a)\hat{k} \\ &= 0\hat{\imath}+0\hat{\jmath}+0\hat{k}.\end{aligned}$$

Por lo que

$$\begin{cases} -3c-7b &= 0 \\ 5c-7a &= 0 \\ 5b+3a &= 0 \end{cases}$$

Por eliminación, reducimos este sistema de ecuaciones a

$$\begin{cases} b &= \dfrac{-3c}{7} \\ a &= \dfrac{5c}{7} \end{cases}$$

LA ecuación del plano con un punto P_0 y un vector normal $\vec{n}$ es

$$a(x-x_0)+b(y-y_0)+c(z-z_0)=0$$

Tomando $R=(-5,1,2)=P_0$ y $\vec{n}=\left(\frac{5c}{7},\frac{-3c}{7},c\right)$ tenemos

$$\frac{5c}{7}(x+5)+\frac{-3c}{7}(y-1)+c(z-2)=0$$

o bien $5x-3y+7z+14=0$. La cual es la ecuación del plano.

Ejemplo 82. Encuentre una ecuación del plano que sea paralela al plano $4x-2y+z-1=0$ y que contiene al punto $(2,6,-1)$.

Demostración. Como los planos deban ser paralelos, debemos de tener que sus vector normales también son paralelos, tenemos $4x-2y+z-1=0$ luego $\vec{n}_1=(4,-2,1)$ sea $\vec{n}_2=(a_2,b_2,c_2)$. Entonces se debe cumplir, por lo tanto $\vec{n}_1\times\vec{n}_2=0$ por lo que

$$\begin{aligned}\vec{n}_1\times\vec{n}_2 &= \begin{vmatrix}\hat{\imath} & \hat{\jmath} & \hat{k}\\ 4 & -2 & 1\\ a & b & c\end{vmatrix} = (-2c-b)\hat{\imath}-(4c-a)\hat{\jmath}+(4b+2a)\hat{k}\\ &= 0\hat{\imath}+0\hat{\jmath}+0\hat{k}.\end{aligned}$$

Por lo que

$$\begin{cases}-2c-b &= 0\\ -(4c-a) &= 0\\ 4b+2a &= 0\end{cases}$$

Por eliminación, reducimos este sistema de ecuaciones a

$$\begin{cases}b &= -2c\\ a &= 4c\end{cases}$$

La ecuación del plano con un punto P_0 y un vector normal $\vec{n}_2$ es

$$a(x-x_0)+b(y-y_0)+c(z-z_0)=0$$

Tomando $(2,6,-1)=P_0$ y $\vec{n}_2=(4c,-2c,c)$ tenemos

$$4c(x-2)-2c(y-6)+c(z+1)=0$$

o bien $4x-2y+z+5=0$. La cual es la ecuación del plano.

Ejemplo 83. Demuestre que la recta $\frac{1}{2}(x-3)=\frac{1}{3}(y+2)=\frac{1}{4}(z+1)$ está contenida en el plano $x-2y+z-6=0$.

Demostración. Puesto que el vector está contenido en el plano $x-2y+z-6=0$. El vector normal al plano es perpendicular a la recta, $x-2y+z-6=0$ implica que el vector normal es $\vec{n}=(1,-2,1)$ y $\frac{x-3}{2}=\frac{y+2}{3}=\frac{z+1}{4}$ implica $\vec{v}=(2,3,4)$. Se tendría que $\vec{n}\cdot\vec{v}=0$, en efceto sea $\vec{n}\cdot\vec{v}=(1,-2,1)\cdot(2,3,4)=2-6+4=0$. Por lo tanto, la recta está contenida en el plano.

Ejemplo 84. Encuentre una ecuación del plano que pasa por los puntos $P = (1,3,2)$ $Q = (3,-1,6)$ y $R = (5,2,0)$.

Demostración. Los vectores $\vec{a}$ y $\vec{b}$ que corresponden a $\vec{PQ}$ y $\vec{PR}$ son:

$$\vec{a} = (2,-4,4), \quad \vec{b} = (4,-1,-2)$$

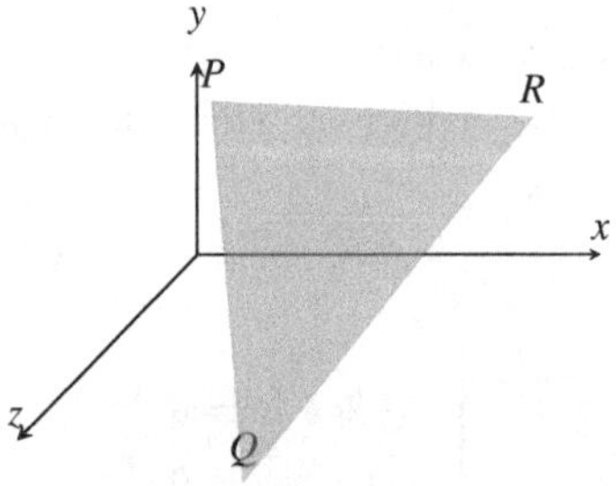

Puesto que $\vec{a}$ y $\vec{b}$ están en el plano, su producto cruz $\vec{a} \times \vec{b}$ es ortogonal al plano y se puede tomar como el vector normal así

$$\vec{n} = \vec{a} \times \vec{b} = \begin{vmatrix} \hat{\imath} & \hat{\jmath} & \hat{k} \\ 2 & -4 & 4 \\ 4 & -1 & -2 \end{vmatrix} = 12\hat{\imath} + 20\hat{\jmath} + 14\hat{k}.$$

Con el punto $P = (1,3,2)$ y el vector normal $\vec{n}$, una ecuación del plano es

$$12(x-1) + 20(y-3) + 14(z-2) = 0$$

o bien $6x + 10y + 7z = 50$..

Ejemplo 85. Encuentra el punto en el cual la línea con ecuaciones paramétricas $x = 2 + 3t, y = -4t, z = 5 + t$ corta al plano $4x + 5y - 2z = 18$.

Demostración. Se sustituyen las expresiones para x, y y z de las ecuaciones paramétricas en la ecuación del plano:

$$4(2+3t) + 5(-4t) - 2(5+t) = 18$$

Esto se simplifica a $-10t = 20$, Así que $t = -2$

Por lo tanto, el punto de intersección ocurre cuando el valor de paramétrico es $t = -2$. Entonces $x = 2 + 3(-2) = -4$, $y = -4(-2) = 8$, $z = 5 - 2 = 3$ y por consiguiente el punto de intersección es $(-4,8,3)$.

Nota 2.1.1. Dos planos son **paralelos** si sus vectores normales son paralelos.

Ejemplo 86. Los planos $x+2y-3z=4$ y $2x+4y-6z=3$ son paralelos porque sus vectores normales son $\vec{n}_1=\langle 1,2,-3\rangle$ y $\vec{n}_2=\langle 2,4,-6\rangle$ y $\vec{n}_2=2\vec{n}_1$.

Observación 8. *Si dos planos no son paralelos, entonces se cortan en una línea recta y el ángulo entre los dos planos se define como el ángulo agudo entre sus vectores normales.*

Ejemplo 87. Encuentre el ángulo entre los planos $x+y+z=1$ y $x-2y+3z=1$. Obtenga las ecuaciones simétricas para la línea de intersección L de estos dos planos.

Demostración. Los vectores normales de estos planos son: $\vec{n}_1=(1,1,1)$ $\vec{n}_2=(1,-2,3)$ y por lo tanto, si θ es el ángulo entre los planos

$$\cos\theta=\frac{\vec{n}_1\cdot\vec{n}_2}{||\vec{n}_1||||\vec{n}_2||}=\frac{1(1)+1(-2)+1(3)}{\sqrt{1+1+1}\sqrt{1+4+9}}=\frac{2}{\sqrt{42}}$$

$$\theta=\cos^{-1}\left(\frac{2}{\sqrt{42}}\right)=72^\circ$$

Primero se necesita hallar un punto sobre L. Por ejemplo, se puede hallar el punto donde la línea corta al plano xy si se establece $z=0$ en las ecuaciones de ambos planos.

Esto de las ecuaciones $x+y=1$ y $x-2y=1$, cuya solución es $x=1$, $y=0$. Por lo tanto, el punto $(1,0,0)$ yace sobre L.

Ahora se observa que, puesto que L yace en ambos planos, es perpendicular a los dos vectores normales.

Así, un vector $\vec{v}$ paralelo a L está dado por el producto cruz

$$\vec{v}=\vec{n}_1\times\vec{n}_2=\begin{vmatrix}\hat{i} & \hat{j} & \hat{k}\\ 1 & 1 & 1\\ 1 & -2 & 3\end{vmatrix}=5\hat{i}-2\hat{j}-3\hat{k}.$$

y por lo tanto, las ecuaciones simétricas de L se pueden escribir como

$$\frac{x-1}{5}=\frac{y}{-2}=\frac{z}{-3}$$

Nota 2.1.2. Puesto que una ecuación líneal en (x,y,z) representa un plano y dos planos no paralelos se cortan en una línea, se deduce que dos ecuaciones lineales pueden representar una línea. Los puntos (x,y,z) que satisfacen $a_1x+b_1y+c_1z+d_1=0$ y $a_2x+b_2y+c_2z+d_2=0$ están en ambos planos y, por lo tanto, el par de ecuaciones lineales representa la línea de intersección de los planos (si no son paralelos).

Por ejemplo, en el ejemplo anterior la línea L se dio como la línea de intersección de los planos $x+y+z=1$ y $x-2y+3z=1$. Las ecuaciones simétricas que se encontraron para L se podrian escribir como

$$\frac{x-1}{5}=\frac{y}{-2}$$

y

$$\frac{y}{-2}=\frac{z}{-3}$$

que es de nuevo un par de ecuaciones lineales.

Exhiben a L como la línea de intersección de los planos

$$\frac{(x-1)}{5}=\frac{y}{(-2)}$$

y

$$\frac{y}{(-2)}=\frac{z}{-3}$$

Se muestra cómo la línea L del ejemplo anterior se puede considerar también como la línea de intersección de los planos divididos de sus ecuaciones simétricas.

En general, cuando se escriben las ecuaciones de una línea en la forma simétrica

$$\frac{x-x_0}{a}=\frac{y-y_0}{b}=\frac{z-z_0}{c}.$$

Se puede considerar a la línea como la línea de intersección de los dos planos.

$$\frac{x-x_0}{a}=\frac{y-y_0}{b}$$

y

$$\frac{y-y_0}{b}=\frac{z-z_0}{c}.$$

Ejemplo 88. Encuentre una fórmula para la distancia D de un punto $P_1=(x_1,y_1,z_1)$ al plano $ax+by+cz+d=0$.

Demostración. Sea $P_0(x_0,y_0,z_0)$ cualquier punto en el plano dado y sea $\vec{b}$ el vector correspondiente a P_0P_1 Entonces. $\vec{b}=\langle x_1-x_0,y_1-y_0,z_1-z_0\rangle$. De la siguiente figura

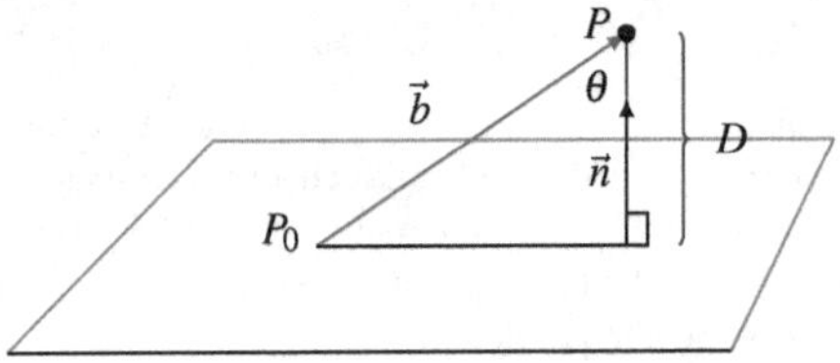

se puede ver que la distancia D de P_1 al plano es igual al valor absoluto de la proyección escalar de $\vec{b}$ sobre el vector normal $\vec{n} = (a,b,c)$. Así

$$D = ||\text{comp}_n\vec{b}|| = \frac{||\vec{n}\vec{b}||}{||\vec{n}||} =$$

$$\frac{||a(x_1 - x_0) + b(y_1 - y_0) + c(z_1 - z_0)||}{\sqrt{a^2 + b^2 + c^2}}$$

$$= \frac{||(ax_1 + by_1 + cz_1) - (ax_0 + by_0 + cz_0)||}{\sqrt{a^2 + b^2 + c^2}}.$$

Puesto que P_0 yace en el pano, sus coordenadas satisfacen la ecuación del plano $\vec{y}$, por lo tanto, se tiene $ax_0 + by_0 + cz_0 + d = 0$. Así la formula D se puede escribir como

$$D = \frac{||ax_1 + by_1 + cz_1 + d||}{\sqrt{a^2 + b^2 + c^2}}$$

Ejemplo 89. Encuentre la distancia entre los planos paralelos $10x + 2y - 2z = 5$ y $5x + y - z = 1$.

Demostración. Primero se nota que los planos son paralelos porque sus vectores normales $(10,2,-2)$ y $(5,1,-1)$ son paralelos. Para hallar la distancia D entre los planos se elige cualquier punto sobre el plano y se calcula su distancia al otro plano. En particular, si se escribe $y = z = 0$ en la ecuación del primer plano, se obtiene $10x = 5$ y, por lo tanto, $(1/2,0,0)$ y el plano $5x + y - z - 1 = 0$ es

$$D = \frac{||5(1/2) + 1(0) + 1(0) - 1||}{\sqrt{5^2 + 1^2 + (-1)^2}} = \frac{3/2}{3\sqrt{3}} = \frac{\sqrt{3}}{6}$$

Así que la distancia entre los planos es $\frac{\sqrt{3}}{6}$.

Ejemplo 90. En un ejemplo se mostró que las líneas

$$L_1: \quad x = 1 + t, \quad y = -2 + 3t, \quad z = 4 - t,$$
$$L_2: \quad x = 2s, \quad y = 3 + s, \quad z = -3 + 4s.$$

son oblicuas. Encuentre la distancia entre ellas.

Demostración. Puesto que las dos líneas L_1 y L_2 son oblicuas, se puede considerar que yacen en dos planos paralelos P_1 y $\vec{P_2}$. La distancia entre L_1 y L_2 es la misma que la distancia entre P_1 y $\vec{P_2}$, que se puede calcular como en el ejemplo anterior. El vector normal común para ambos planos debe ser ortogonal a $\vec{v}_1 = (1,3,-1)$ (la dirección de L_1) y $\vec{v}_2 = (2,1,4)$ (la dirección de L_2). Así que un vector normal es:

$$\vec{n} = \vec{v}_1 \times \vec{v}_2 = \begin{vmatrix} \hat{\imath} & \hat{\jmath} & \hat{k} \\ 1 & 3 & -1 \\ 2 & 1 & 4 \end{vmatrix} = 13\hat{\imath} - 6\hat{\jmath} - 5\hat{k}.$$

Si se escribe $s = 0$ en las ecuaciones de L_2, se obtiene el punto $(0,3,-3)$ sobre L_2 y, por lo tanto, una ecuación para P_L es

$13(x-0) - 6(y-3) - 5(z+3) = 0$ o bien $13x - 6y - 5z + 3 = 0$

Si ahora se establece $t = 0$ en las ecuaciones para L_1, se obtiene el punto $(1,-2,4)$ sobre P_1.

Así la distancia entre L_1 y L_2 es la misma que la distancia de $(1,-2,4)$ a $13x - 6y - 5z + 3 = 0$. Por esta distancia es

$$D = \frac{||13(1) - 6(-2) - 5(4) + 3||}{\sqrt{13^2 + (-6)^2 + (-5^2)}} = \frac{8}{\sqrt{230}}.$$

2.2. Coordenadas Polares

Imagina que estás en un parque con una rueda de la fortuna. Las coordenadas polares son como una forma especial de decir dónde está cada asiento en la rueda de la fortuna.

Distancia desde el Centro: En las coordenadas polares, primero hablamos de cuán lejos está algo del centro. En el caso de la rueda de la fortuna, sería qué tan lejos está un asiento desde el centro de la rueda. Esto es como la “distancia radial”en coordenadas polares.

Ángulo alrededor del Centro: Luego, describimos el ángulo o la dirección. Esto sería como decir en qué punto de la vuelta está el asiento en la rueda de la fortuna: si está en la parte superior, inferior, a la izquierda o a la derecha. En coordenadas polares, esto es el “ángulo”. En la vida real, las coordenadas polares nos ayudan a entender y describir la posición de cosas que están en un círculo o giran alrededor de un punto. Por ejemplo:

Los astrónomos las usan para localizar estrellas y planetas en el cielo, porque estos objetos parecen girar alrededor de la Tierra.

Los ingenieros y los diseñadores las utilizan para crear cosas como engranajes y piezas de relojes, que tienen partes que giran alrededor de un punto. Entonces, las coordenadas polares son como una manera de dar instrucciones para encontrar un lugar o un objeto que está moviéndose en un círculo, y son muy útiles para cosas que giran o se mueven en rutas circulares.

Ahora piensa que estás jugando con un juego de dardos. En el juego de dardos, lanzas dardos a un tablero redondo que está colgado en la pared. Las coordenadas polares son como una forma de explicar exactamente dónde ha aterrizado tu dardo en el tablero.

Qué tan lejos del Centro: Primero, miras qué tan lejos del centro del tablero ha aterrizado el dardo. Esto es como la "distancia radial"en coordenadas polares. Si el dardo está cerca del centro, la distancia es corta. Si está cerca del borde, la distancia es mayor.

En qué Dirección del Centro: Luego, miras en qué dirección desde el centro está tu dardo. ¿Está hacia arriba, hacia abajo, hacia la izquierda o hacia la derecha? En coordenadas polares, esto sería el "ángulo". Es como decir: "Mi dardo aterrizó un poco hacia la derecha y hacia arriba desde el centro". En la vida real, las coordenadas polares son útiles para describir posiciones en situaciones donde las cosas giran o están organizadas en círculos, como en un tablero de dardos. Los científicos y los ingenieros las usan para cosas como:

Planificar las trayectorias de los satélites alrededor de la Tierra. Diseñar piezas circulares en máquinas o vehículos. Así que, las coordenadas polares son una manera de decir dónde está algo en un espacio circular, y son especialmente útiles cuando describimos cosas que están girando o ubicadas en un patrón circular.

La manera usual de representar un punto en el plano $\mathbb{R}^2$ es mediante coordenadas rectangulares (x,y); sin embargo, como seguramente aprendió el lector en cálculo elemental, las coordenadas polares en el plano pueden ser muy útiles.

Las coordenadas (r,θ) están relacionadas con (x,y) mediante las fórmulas

$$x = r\cos\theta$$

y

$$y = r\operatorname{sen}\theta$$

donde usualmente tomamos $r \geq 0$ y $0 \leq \theta < 2\pi$.

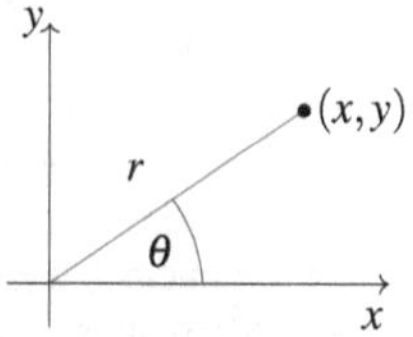

Ahora vamos a exponer dos maneras de representar puntos en el espacio distintos de las coordenadas cartesianas (x,y,z). Estos sistemas de coordenadas alternativos son particularmente adecuados para ciertos tipos de problemas, tales como el cálculo de integrales por medio de un cambio de variables.

2.3. Coordenadas Cilíndricas

Imagina que tienes un tarro de galletas largo y cilíndrico. Las coordenadas cilíndricas son como una forma especial de decir exactamente dónde está cada galleta dentro del tarro.

Alrededor del Tarro: Primero, piensa en girar alrededor del tarro para mirar todas las galletas. Esto es como la parte "angular"de las coordenadas cilíndricas. Te dice en qué dirección mirar alrededor del tarro para encontrar una galleta específica. Qué tan Lejos del Centro del Tarro: Luego, imagina una línea desde el centro del tarro hasta el borde donde están las galletas. Esto te dice qué tan lejos del centro está cada galleta. Esto es como la "distancia radial"en las coordenadas cilíndricas.

Arriba y Abajo en el Tarro: Finalmente, piensa en moverte hacia arriba o hacia abajo en el tarro para encontrar diferentes capas de galletas. Esto es como la "altura"en las coordenadas cilíndricas, y te dice qué tan alto o bajo en el tarro está la galleta que buscas. Las coordenadas cilíndricas nos ayudan a describir la posición de cosas en objetos largos y redondos, como tubos, columnas o incluso en estructuras como escaleras de caracol. Los ingenieros y arquitectos las usan para planificar y construir cosas que tienen formas cilíndricas, y son muy útiles para entender cómo se organizan las cosas en espacios que son redondos y largos.

Ahora piensa que estás en un parque de diversiones y ves una gran rueda de la fortuna. Las coordenadas cilíndricas son como una manera de describir dónde está cada asiento en la rueda de la fortuna.

Alrededor de la Rueda: Primero, piensa en la rueda girando. Si quieres saber en qué parte del giro está un asiento, eso es como la parte "angular"de las coordenadas cilíndricas. Es como decir: "El asiento está justo en la parte superior de la rueda"o "Está a la mitad del camino hacia abajo en el lado derecho".

'Distancia del Centro de la Rueda: Todos los asientos están a la misma distancia del centro de la rueda, como los radios de una bicicleta. Esta distancia desde el centro hasta los asientos es la "distancia radial"en las coordenadas cilíndricas.

Altura de la Rueda: Además, cada asiento sube y baja a medida que la rueda gira. La altura de un asiento en particular, ya sea cerca del suelo o en lo alto en el aire, es como la "altura"en las coordenadas cilíndricas. Las coordenadas cilíndricas son útiles para describir lugares y movimientos en cosas que son redondas y tienen altura, como las ruedas de la fortuna, los faros o incluso en algunos tipos de escaleras. Los arquitectos, los ingenieros y los diseñadores las usan para planificar cómo construir estas estructuras y para entender cómo se mueven las cosas alrededor y dentro de ellas.

Definición 2.3.1 (Coordenadas Cilíndricas). Las coordenadas cilíndricas (r,θ,z) de un punto (x,y,z) están definidas por $x = r\cos\theta$, $y = r\,\mathrm{sen}\,\theta$, $z = z$.

Representación de un punto (x,y,z) en función de sus coordenadas cilíndricas r,θ y z.

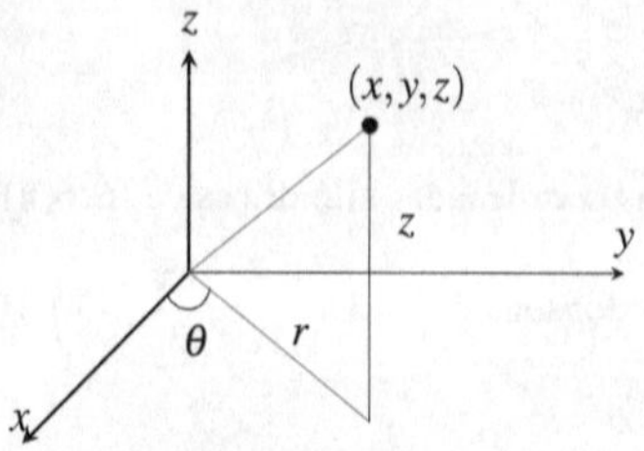

Para expresar r, θ, z en función de x,y y z para asegurar que θ está entre 0 y 2π, podemos escribir.

$$r = \sqrt{x^2+y^2}, \quad \theta = \begin{cases} \arctan\left(\dfrac{y}{x}\right) & \text{si } x>0, \quad \text{e } y \geq 0, \quad z = z. \\ \pi + \arctan\left(\dfrac{y}{x}\right) & \text{si } x<0, \qquad\qquad\qquad z = z. \\ 2\pi + \arctan\left(\dfrac{y}{x}\right) & \text{si } x>0, \quad \text{e } y<0, \quad z = z. \end{cases}$$

Donde $\arctan\left(\dfrac{y}{x}\right)$ se toma entre $-\dfrac{\pi}{2}$ y $\dfrac{\pi}{2}$. La condición $0 \leq \theta < 2\pi$ determina de manera única θ y $r \geq 0$ para cualquier x e y. Si $x = 0$, entonces $\theta = \dfrac{\pi}{2}$ para $y > 0$ y $\dfrac{3\pi}{2}$ para $y < 0$. Si $x = 0 = y$, θ no está definida.

En otras palabras, dado cualquier punto (x,y,z), representamos su primera y segunda coordenadas en función de las coordenadas polares y no cambiamos su tercera coordenada. Las ecuaciones demuestran que dado (r,θ,z) la toma (x,y,z) está completamente determinada y viceversa, si restringimos θ al intervalo $[0,2\pi]$ (a veces, conviene utilizar el intervalo $[-\pi,\pi]$) y además $r > 0$.

Para ver qué usamos el término **coordenadas cilíndricas**, nótese que si $0 \leq \theta < 2\pi$, $-\infty < z < \infty$ y $r = a$ es una constante positiva, entonces el lugar geométrico de estos puntos es un cilindro de radio a.

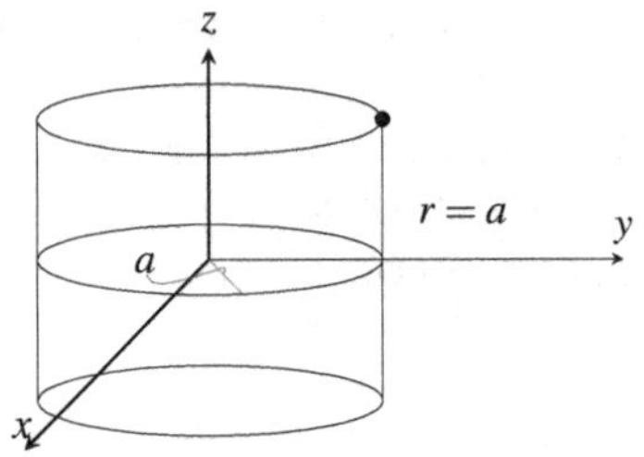

Ejemplo 91. 1. Hallar las coordenadas cilíndricas de $(6,6,8)$ y dibujarlas.

2. Si un punto tiene coordenadas cilíndricas $\left(8,\frac{2\pi}{3},-3\right)$ ¿Cuales son las coordenadas cartesianas? Dibujarlas.

Demostración. para el inciso 1 tenemos

$$r=\sqrt{6^2+6^2}=6\sqrt{2} \qquad ,\theta=\arctan\frac{6}{6}=\arctan 1=\frac{\pi}{4}.$$

Por tanto, las coordenadas cilíndricas son $\left(6\sqrt{2},\frac{\pi}{4},8\right)$.

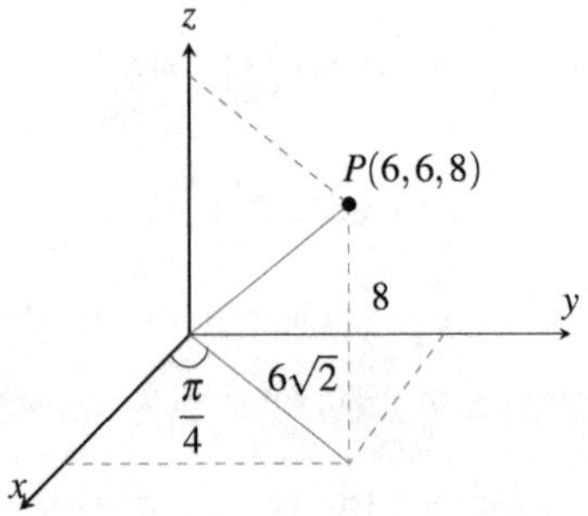

Para el inciso 2, nótese que $\frac{2\pi}{3}=\frac{\pi}{2}+\frac{\pi}{6}$, entonces

$$x=r\cos\theta=8\cos\frac{2\pi}{3}=-\frac{8}{2}=-4$$

y

$$y=r\operatorname{sen}\theta=8\operatorname{sen}\frac{2\pi}{3}=8\frac{\sqrt{3}}{2}=4\sqrt{3}$$

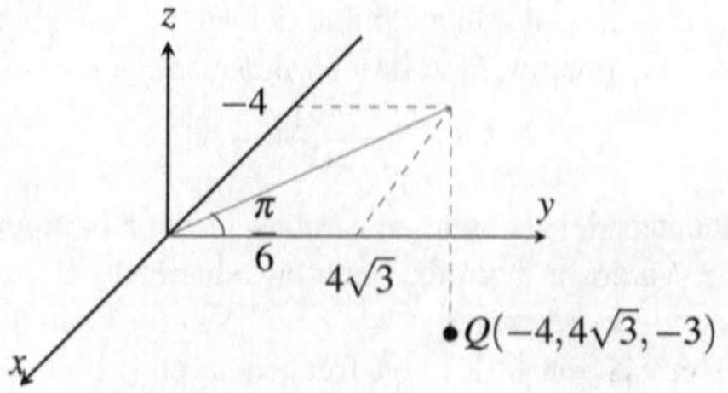

Así, las coordenadas cartesianas son $(-4, 4\sqrt{3}, -3)$.

Ejemplo 92. Grafiqué el punto con coordenadas cilíndricas $\left(2, \frac{2\pi}{3}, 1\right)$ y encuentre sus coordenadas rectangulares. Halle las coordenadas cilíndricas del punto que tiene coordenadas rectangulares $(3, -3, -7)$.

Demostración. El punto con coordenadas cilíndricas

Según las ecuaciones

2.4. Coordenadas esféricas

Imagina que tienes una pelota en tu mano. Para describir la posición de un punto en la superficie de la pelota, podemos usar algo que se llama coordenadas esféricas. Es como un sistema de tres medidas para decir dónde está ese punto.

Distancia desde el centro: Primero, necesitamos saber qué tan lejos está el punto del centro de la pelota. Esa distancia es como el radio de la pelota.

Ángulo de inclinación: Luego, inclina la pelota hacia arriba o hacia abajo. El ángulo que haces al mover la pelota hacia arriba o hacia abajo se llama ángulo de inclinación. Es como si estuvieras asintiendo con la cabeza.

Ángulo de giro: Por último, gira la pelota hacia la izquierda o hacia la derecha. El ángulo que haces al girar la pelota se llama ángulo de giro. Es como si estuvieras negando con la cabeza.

Entonces, para decir dónde está un punto en la pelota, puedes decir algo como: "Está a 5 centímetros del centro, inclinado 30 grados hacia arriba y girado 45 grados a la derecha".

Un ejemplo en la vida real podría ser cuando usas una aplicación de mapas en un teléfono o una computadora. A veces, puedes ver la Tierra como una gran esfera y puedes girarla o inclinarla para ver diferentes partes del mundo. Esas acciones de girar e inclinar son como usar coordenadas esféricas para explorar la superficie de la Tierra. Las coordenadas cilíndricas no son la única generalización posible a tres dimensiones de las coordenadas polares.

Recordemos que, en dos dimensiones, la magnitud del vector $x\hat{\imath}+y\hat{\jmath}$ esto es, $\sqrt{x^2+y^2}$ es la r en el sistema de coordenadas polares. Con las coordenadas cilíndricas la longitud del vector $x\hat{\imath}+y\hat{\jmath}+z\hat{k}$ a saber

$$\rho = \sqrt{x^2+y^2+z^2}.$$

No es una de las coordenadas del sistema: en cambio, usamos la magnitud $r=\sqrt{x^2+y^2}$, el ángulo θ y la "altura "z. Vamos a modificar esto introduciendo el sistema de **coordenadas esféricas**, que usa a ρ como coordenadas

Las coordenadas esféricas son útiles con frecuencia en problemas donde hay simetría esférica (simetría relativa a un punto), mientras que las coordenadas cilíndricas se pueden utilizar cuando hay simetría cilíndrica (simetría relativa a una recta).

Dado un punto $(x,y,z)\in\mathbb{R}^3$, sea

$$\rho = \sqrt{x^2+y^2+z^2}$$

y representemos x e y con coordenadas polares en el plano xy $x=r\cos\theta$ $y=r\operatorname{sen}\theta$ donde $r=\sqrt{x^2+y^2}$ y θ está determinado por la formula [veasé la expresión de θ según la fórmula]. La coordenada z viene dada por $z=\rho\cos\phi$ donde ϕ es el ángulo (entre 0 y π, ambos inclusive) que forma el radio vector $\vec{v}=x\hat{\imath}+y\hat{\jmath}+z\hat{k}$ con el eje positivo de la z, en el plano que contiene al vector $\vec{v}$ y al eje z, véase la figura

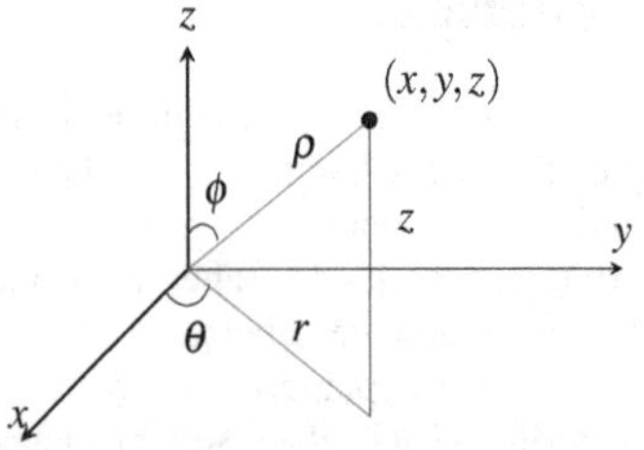

Nota 2.4.1. Coordenada esféricas (ρ,θ,ϕ) la gráfica de los puntos que satisfacen $\rho=a$ es una esfera.

Usando el producto escalar podemos expresar ϕ del siguiente modo:

$$\cos\phi = \frac{\vec{v}\cdot k}{||\vec{v}||}$$

esto es

$$\phi = \arccos\left(\frac{\vec{v}\cdot k}{||\vec{v}||}\right).$$

Tomamos como coordenadas las cantidades ρ,θ,ϕ. Dado que $r=\rho\operatorname{sen}\phi$, podemos usar la fórmula para obtener x, y y z en función de las coordenadas esféricas ρ,θ,ϕ.

Definición 2.4.1. Las **coordenadas esféricas** de (x,y,z) son (ρ,θ,ϕ) y se definen como sigue:

$$x=\rho \operatorname{sen}\phi\cos\theta, \qquad y=\rho \operatorname{sen}\phi \operatorname{sen}\theta, \qquad z=\rho \operatorname{sen}\phi$$

donde $\rho \geq 0$, $0\leq\theta<2\pi$, $0\leq\phi\leq\pi$.

aquí tienes tres ejemplos de la vida real donde se utilizan las coordenadas esféricas:

Ejemplo 93 (Astronomía)**.** Los astrónomos usan coordenadas esféricas para localizar estrellas y planetas en el cielo.

Por ejemplo, cuando observan una estrella, pueden decir que está a cierta distancia de la Tierra, con un ángulo de inclinación hacia arriba desde el horizonte y un ángulo de giro hacia la derecha o izquierda desde el norte.

Ejemplo 94 (Robótica)**.** En robótica, a veces se utilizan brazos robóticos que se mueven en un espacio tridimensional. Para controlar la posición de la punta del brazo robótico, se pueden usar coordenadas esféricas.

Por ejemplo, el brazo podría extenderse a una cierta longitud (distancia desde el centro), moverse a un cierto ángulo hacia arriba o hacia abajo (ángulo de inclinación) y girar a la izquierda o a la derecha (ángulo de giro).

Ejemplo 95 (Videojuegos y Realidad Virtual)**.** En los videojuegos o experiencias de realidad virtual donde exploras un mundo tridimensional, a menudo se utilizan coordenadas esféricas para controlar la dirección de la vista del jugador.

Por ejemplo, si estás usando un casco de realidad virtual y miras hacia arriba, hacia abajo, a la izquierda o a la derecha, estás cambiando los ángulos de inclinación y giro de tu vista dentro del juego.

Ejemplo 96 (Jugar con una pelota)**.** Imagina que estás jugando con una pelota de fútbol. Si quieres patear la pelota a un amigo, piensas en qué tan fuerte patear (distancia desde el centro de la pelota), qué tan alto quieres que vaya la pelota (ángulo de inclinación) y hacia qué lado la quieres enviar (ángulo de giro).

Ejemplo 97 (Usar una linterna)**.** Cuando usas una linterna por la noche, la manera en que apuntas la luz se puede describir con coordenadas esféricas. La distancia sería qué tan lejos ilumina la luz, el ángulo de inclinación sería qué tan arriba o abajo apuntas la linterna, y el ángulo de giro sería hacia qué lado la estás girando.

Ejemplo 98 (Regar plantas con una manguera). Al regar las plantas con una manguera, puedes ajustar la distancia a la que sale el agua (distancia desde el centro), la altura a la que apuntas la manguera (ángulo de inclinación) y la dirección en la que la mueves (ángulo de giro) para asegurarte de que todas tus plantas reciban agua.

Estos ejemplos muestran cómo las coordenadas esféricas se utilizan en diferentes áreas para describir y controlar la posición de objetos en un espacio tridimensional.

Ejemplo 99. 1. Calcular las coordenadas esféricas del punto $(1,-1,1)$ y dibujarlo deejercicio.

2. Calcular las coordenadas cartesianas del punto $\left(3,\frac{\pi}{6},\frac{\pi}{4}\right)$ dado en coordenadas esféricas y dibujarlo de ejercicio.

Demostración. Para resolver el inciso 1 tenemos:

$$\rho=\sqrt{x^2+y^2+z^2}=\sqrt{(1)^2+(-1)^2+(1)^2}=\sqrt{3}$$

$$\theta=2\pi+\arctan\left(\frac{y}{x}\right)=2\pi+\arctan\left(\frac{-1}{1}\right)=2\pi-\frac{\pi}{4}=\frac{7\pi}{4}$$

$$\phi=\arccos\left(\frac{z}{\rho}\right)=\arccos\left(\frac{1}{\sqrt{3}}\right)=0.955=54.74^\circ$$

Análogamente, para resolver el inciso 2 tenemos:

$$x=\rho\operatorname{sen}\phi\cos\theta=3\operatorname{sen}\frac{\pi}{4}\cos\frac{\pi}{6}=3\left(\frac{1}{\sqrt{2}}\right)\frac{\sqrt{3}}{2}=\frac{3\sqrt{3}}{2\sqrt{2}}.$$

$$y=\rho\operatorname{sen}\phi\operatorname{sen}\theta=3\operatorname{sen}\frac{\pi}{4}\operatorname{sen}\frac{\pi}{6}=3\left(\frac{1}{\sqrt{2}}\right)\left(\frac{1}{2}\right)=\frac{3}{2\sqrt{2}}.$$

$$z=\rho\cos\phi=3\cos\left(\frac{\pi}{4}\right)=\frac{3}{\sqrt{2}}=\frac{3\sqrt{2}}{2}.$$

2.5. Movimiento rectilíneo uniformemente acelerado

Imagina que estás en un parque de diversiones y te subes a diferentes juegos. Algunos de estos juegos pueden ayudarte a entender qué es el movimiento rectilíneo uniformemente acelerado, que es simplemente cuando algo se mueve en línea recta y va cada vez más rápido de manera constante. Aquí tienes algunos ejemplos:

Ejemplo 100 (Montaña Rusa)**.** Cuando una montaña rusa comienza a bajar por una pendiente recta, va más rápido y más rápido de manera uniforme.

Ejemplo 101 (Resbaladilla)**.** Al deslizarte por una resbaladilla recta, tu velocidad aumenta constantemente hasta llegar al final.

Ejemplo 102 (Auto Acelerando)**.** Si un auto arranca y sigue una línea recta, y el conductor pisa el acelerador de manera constante, el auto irá acelerando uniformemente.

Ejemplo 103 (Avión Despegando)**.** Un avión en la pista de despegue aumenta su velocidad de forma constante hasta que tiene suficiente para volar.

Ejemplo 104 (Bola Rodando Cuesta Abajo)**.** Si ruedas una bola por una pendiente recta, irá cada vez más rápido de manera uniforme.

Ejemplo 105 (Esquiador en una Pendiente)**.** Un esquiador que baja por una pendiente recta aumentará su velocidad de forma constante.

Ejemplo 106 (Patín del Diablo en Pendiente)**.** Si te deslizas en un patín del diablo por una calle recta y en pendiente, irás más rápido de manera uniforme.

Ejemplo 107 (Gotas de Lluvia Cayendo)**.** Las gotas de lluvia, al caer, van acelerando de forma constante hasta que alcanzan una velocidad constante debido a la resistencia del aire.

En todos estos ejemplos, hay algo que se mueve en línea recta y su velocidad aumenta de manera constante con el tiempo, ¡eso es el movimiento rectilíneo uniformemente acelerado! Supóngase una partícula con movimiento rectilíneo uniformemente acelerado. En este caso sea "$\vec{a}$"la aceleración es igual a la derivada de la velocidad $\vec{v}$ con respecto al tiempo t, es decir,

$$\vec{a} = \frac{d\vec{v}}{dt}$$

entonces:

$$d\vec{v} = \vec{a}dt$$

$$\int d\vec{v} = \vec{a} \int dt$$

Puesto que el movimiento es uniformemente acelerado, entonces, la aceleración "$\vec{a}$"es constante

$$\vec{v} = \vec{a} \int dt$$

entonces:

$$\vec{v} = \vec{a}t + C_1$$

Para hallar el valor de C_1, supóngase que en el instante $t = 0$, la partícula tiene una velocidad inicial de $\vec{v} = \vec{v}_0$. Esto es:

$$\vec{v}_0 = a(0) + C_1$$

entonces

$$C_1 = \vec{v}_0$$

Sustituyendo este valor en la ecuación anterior, se obtiene la velocidad final de la partícula para cualquier instante t.

$$\vec{v}(t) = \vec{v}_0 + at \tag{2.9}$$

Para hallar la posición de la partícula, sabemos que la velocidad $\vec{v}$ es igual a la derivada del desplazamiento $\vec{s}$, con respecto al tiempo t, es decir,

$$\vec{v} = d\frac{s}{dt}$$

entonces

$$ds = vdt$$

Integrando y sustituyendo tenemos:

$$\int ds = \int (v_0 + at)dt$$

implica

$$s = v_0 \int dt + a \int tdt + c_2$$

entonces

$$s = v_0 t + a\frac{t^2}{2} + c_2$$

Pues $\vec{a}$ y $\vec{v}_0$, son constantes, entonces:

$$s = \frac{at^2}{2} + v_0 t + c_2$$

Para determinar el valor de c_2, supóngase que en el instante $t = 0$, la posición inicial de la partícula es $s = s_0$, entonces sustituyendo en la ecuación anterior

$$s_0 = a\frac{(0)^2}{2} + v_0(0) + c_2$$

entonces,

$$s_0 = c_2$$

Por lo tanto la posición de la partícula para cualquier instante está dada por:

$$s(t) = s_0 + v_0 t + \frac{1}{2} a t^2 \tag{2.10}$$

Ejemplo 108. Dada la aceleración $\vec{a(t)}$ de una partícula determinar su velocidad y posición en función del tiempo, dadas las condiciones iniciales $v = 4$ y $s = 2$ cuando $t = 2$,

$$a(t) = 2t^3 - 2t + 1$$

Demostración. Sabemos que la aceleración es igual a la derivada de la velocidad respecto al tiempo, entonces:

$$a = \frac{dv}{dt}$$

separando variables

$$dv = adt$$

Integrando y sustituyendo

$$\int dv = \int (2t^3 - 2t + 1)dt$$

entonces:

$$v(t) = \int 2t^3 dt - \int 2t dt + \int dt$$

implica

$$v(t) = \frac{2t^4}{4} - \frac{2t^2}{2} + t + c$$

por lo tanto

$$v(t) = \frac{t^4}{2} - t^2 + t + c$$

Aplicando las condiciones iniciales $\vec{v} = 4$ cuando $t = 2$

$$4 = \frac{2^4}{2} - 2^2 + 2 + C$$

$$4 = 8 - 4 + 2 + C$$

$$4 = 6 + C$$

entonces

$$C = -2$$

La velocidad de la partícula en función del tiempo es:

$$v(t) = \frac{t^4}{2} - t^2 + t - 2$$

Para hallar la posición de la partícula, sabemos que la velocidad es la derivada de la posición respecto al tiempo, entonces

$$\frac{ds}{dt} = \frac{t^2}{2} - t^2 + t - 2$$

separando variables.

$$ds = (\frac{t^4}{2} - t^2 + t - 2)dt$$

Integrando tenemos

$$\int ds = \int (\frac{t^4}{2} - t^2 + t - 2)dt$$

$$s(t) = \frac{t^5}{10} - \frac{t^3}{3} + \frac{t^2}{2} - 2t + C$$

Aplicando la condición inicial $\vec{s} = 2$ cuando $t = 2$

$$\cancel{2} = \frac{2^5}{10} - \frac{2^3}{3} + \frac{(2)^{\cancel{2}}}{\cancel{2}} - 2(2) + C$$

$$C = -\frac{2^4}{5} + \frac{8}{3} + 4 = \frac{52}{15}$$

La posición de la partícula está dada por $s(t) = \frac{t^5}{10} - \frac{t^3}{3} + \frac{t^2}{2} - 2t + \frac{52}{15}$.

En los siguientes ejercicios se da la velocidad $\vec{v}$ en función del tiempo t. Hallar la posición $\vec{s}$ en función del tiempo, si $s = 1$ cuando $t = 2$

1. $v = at + b$, solución $s = \frac{1}{2}a(t^2 - 4) + b(t - 2) + 1$

2. $v = \frac{1}{\sqrt{4t+1}}$, solución $s = \frac{\sqrt{4t+1} - 1}{2}$

3. $v = 2\cos\frac{\pi t}{4}$, solución $s = 1 - \frac{8}{\pi} + \frac{8}{\pi}\operatorname{sen}\frac{\pi t}{4}$

4. $v = \frac{t}{t^2+1}$, solución $s = 1 + \text{lím}\sqrt{\frac{t^2+1}{5}}$

En los siguientes problemas se da la aceleración $\vec{a}$ en función del tiempo t. Hallar la velocidad $\vec{v}$ en función del tiempo, si $\vec{v} = 4$ cuando $t = 1$

1. $\vec{a} = 2t + 4$, solución $\vec{v} = t^2 + 4t - 1$

2. $\vec{a} = \sqrt{3t+1}$ solución $\vec{v} = \frac{2}{9}(3t+1)^{\frac{3}{2}} + \frac{20}{9}$

2.6. Caída libre y Tiro Vertical

La caída libre es cuando un objeto cae hacia abajo solo por la fuerza de la gravedad, sin que nada más lo empuje o lo frene. Es como si el objeto estuviera "libre"de cualquier otra fuerza excepto la gravedad. Aquí tienes algunos ejemplos:

Ejemplo 109 (Saltar en un Trampolín)**.** Cuando saltas en un trampolín y llegas al punto más alto, por un momento estás en caída libre hacia abajo hasta que el trampolín te empuja hacia arriba otra vez.

Ejemplo 110 (Tirar una Pelota hacia Arriba)**.** Si lanzas una pelota hacia arriba, cuando llega a su punto más alto, empieza a caer en caída libre hasta que la atrapas o toca el suelo.

Ejemplo 111 (Saltar desde un Columpio)**.** Cuando saltas desde lo más alto de un columpio, estás en caída libre hasta que tus pies tocan el suelo.

Ejemplo 112 (Una Hoja Cayendo de un Árbol)**.** Una hoja que se desprende de un árbol cae hacia el suelo en caída libre, aunque puede moverse de un lado a otro por el viento.

Ejemplo 113 (Un Paracaidista antes de Abrir el Paracaídas)**.** Cuando un paracaidista salta de un avión y todavía no ha abierto su paracaídas, está en caída libre.

En todos estos ejemplos, los objetos o personas están cayendo solo por la acción de la gravedad, sin nada que los empuje o frene, ¡eso es la caída libre! Las ecuaciones (2.9) y (2.10), nos permiten analizar el movimiento vertical de un cuerpo cerca de la tierra, en donde la aceleración de la gravedad representada por $\vec{g}$, permanece constante y tiene un valor igual a $\vec{g} = 9.81$ m/s^2 dirigida hacia abajo.

Supongamos que el cuerpo es lanzado verticalmente hacia arriba (tiro vertical) desde el nivel del suelo ($h_0 = 0$) con una velocidad inicial $\vec{v}_0$, entonces, la velocidad final para un cierto instante de acuerdo con la ecuación (2.9) es

$$\vec{v} = \vec{v}_0 - \vec{g}t. \tag{2.11}$$

La altura, en un cierto instante, de acuerdo con la ecuación (2.10) es

$$h = \vec{v}_0 t - \frac{1}{2}\vec{g}t^2. \tag{2.12}$$

Para hallar la velocidad en función de la altura h, aplicamos la regla de la cadena:

$$\frac{d\vec{v}}{dt} = \frac{d\vec{v}}{dh}\frac{dh}{dt}$$

$$\vec{a} = \frac{d\vec{v}}{dh}\vec{v}$$

Separando variables

$$\vec{v}d\vec{v} = -\vec{g}dh$$

integrando

$$\int \vec{v}d\vec{v} = \int -\vec{g}dh$$

entonces

$$\frac{\vec{v}^2}{2} = -\vec{g}h + C.$$

Para hallar el valor de C, supóngase que $\vec{v} = \vec{v}_0$, cuando $h = 0$, entonces: $C = \frac{\vec{v}_0^2}{2}$. Por lo tanto

$$\frac{\vec{v}^2}{2} = -gh + \frac{\vec{v}_0^2}{2}$$

De donde, la velocidad final en términos de la altura es:

$$\vec{v}^2 = \vec{v}_0^2 - 2\vec{g}h. \tag{2.13}$$

La altura máxima H que alcanza el cuerpo, se obtiene cuando la velocidad final $\vec{v} = 0$

$$0 = \vec{v}_0^2 - 2\vec{g}H$$

entonces

$$H = \frac{\vec{v}_0^2}{2\vec{g}}. \tag{2.14}$$

De la misma forma, el tiempo que tarda el cuerpo en alcanzar su máxima altura se obtiene cuando $\vec{v} = 0$, entonces sustituyendo en la ecuación (2.11)

$$0 = \vec{v}_0 - \vec{g}t$$

$$t = \frac{\vec{v}_0}{\vec{g}}.$$

El tiempo T que tarda en retornar al punto de lanzamiento es el doble del tiempo que tarda en subir

$$T = \frac{2\vec{v}_0}{\vec{g}}. \tag{2.15}$$

Ejemplo 114. Se deja caer una piedra desde lo alto de un edificio de 50 m de altura ¿Cuál es la velocidad con la que choca contra el suelo? ($\vec{g} = -9.8$) m/s^2.

Demostración. Se sabe que la aceleración es la derivada de la velocidad respecto del tiempo, entonces:

$$\frac{d\vec{v}}{dt} = -9.8$$

Aplicando la regla de la cadena

$$\frac{d\vec{v}}{dt} = \frac{d\vec{v}}{dh}\frac{dh}{dt}$$

$$-9.8 = \frac{d\vec{v}}{dh}\vec{v}.$$

Separando variables

$$\vec{v}d\vec{v} = -9.8dh.$$

Integrando

$$\int \vec{v}d\vec{v} = -\int 9.8dh$$

$$\frac{\vec{v}^2}{2} = -9.8h + C.$$

Para hallar la constante, sabemos que al momento de dejar caer la piedra desde la altura $h = 50, \vec{v} = 0$

$$0 = -9.8(50) + C$$

$$C = 490$$

por lo tanto:

$$\frac{\vec{v}^2}{2} = 490 - 9.8h.$$

La velocidad del impacto se obtiene cuando $h = 0$ Entonces

$$\vec{v}^2 = 2(490)$$

por lo tanto $\vec{v} = \sqrt{980} = 31.3\,\mathrm{m/s}$.

El tiro vertical es cuando lanzas algo hacia arriba y luego cae de nuevo hacia abajo. La gravedad hace que suba más lento hasta que se detiene por un momento en el aire, y luego empieza a caer cada vez más rápido. Aquí tienes algunos ejemplos:

Ejemplo 115 (Lanzar una Pelota hacia Arriba)**.** Cuando lanzas una pelota hacia arriba, sube, se detiene por un instante en el punto más alto, y luego cae de nuevo hacia tus manos.

Ejemplo 116 (Saltar hacia Arriba)**.** Cuando saltas, tus pies dejan el suelo y subes por el aire hasta que la gravedad te hace bajar de nuevo.

Ejemplo 117 (Disparar una Pistola de Agua hacia Arriba)**.** Si disparas una pistola de agua directamente hacia arriba, el chorro de agua subirá, se detendrá, y luego caerá de nuevo hacia el suelo.

Ejemplo 118 (Una Fuente)**.** El agua de una fuente que se dispara hacia arriba, alcanza un punto máximo y luego cae de nuevo en cascada.

Ejemplo 119 (Lanzar una Moneda hacia Arriba)**.** Si lanzas una moneda hacia arriba, subirá hasta un punto y luego caerá de nuevo hacia tu mano o al suelo.

En todos estos ejemplos, algo se lanza hacia arriba, se detiene por un momento en el aire, y luego cae hacia abajo debido a la gravedad, ¡eso es el tiro vertical! En los siguientes problemas se da la aceleración $\vec{a}$ en función del tiempo para las condiciones iniciales indicadas

1. $\vec{a} = 2$ si $s = 5$, $\vec{v} = 10$ cuando $t = 0$ solución $s = t^2 + 10t + 5$

2. $\vec{a} = -9.8$, si $s = 0$, $\vec{v} = \vec{v}_0$ cuando $t = 0$ solución $\vec{v}_0 = t - 4.9 + C$

2.7. El movimiento parabólico

El movimiento parabólico es como una combinación de moverse hacia adelante y caer al mismo tiempo. Imagina que lanzas algo en un ángulo, no solo hacia arriba o hacia adelante, sino en una dirección inclinada. Mientras se mueve hacia adelante, también cae hacia abajo, formando una curva parecida a una parábola. Aquí tienes algunos ejemplos:

Ejemplo 120 (Lanzar una Pelota)**.** Cuando lanzas una pelota en un ángulo, no solo va hacia adelante, sino que también sube y luego baja, haciendo una curva en el aire.

Ejemplo 121 (Patear un Balón de Fútbol)**.** Si pateas un balón de fútbol en un ángulo, verás que hace una curva similar a una parábola antes de tocar el suelo.

Ejemplo 122 (Tirar una Piedra en un Estanque)**.** Si tiras una piedra en un estanque en un ángulo, verás que hace una curva en el aire antes de caer al agua.

Ejemplo 123 (Disparar una Flecha)**.** Cuando disparas una flecha con un arco, la flecha se mueve en una trayectoria curva antes de llegar al objetivo.

Ejemplo 124 (Jugar al Béisbol)**.** Al batear una pelota de béisbol, la pelota vuela en una curva parabólica antes de caer al suelo o ser atrapada.

Ejemplo 125 (Lanzar un Frisbee)**.** Un frisbee lanzado en un ángulo sigue una trayectoria curva en el aire.

Ejemplo 126 (Jugar al Golf)**.** Cuando golpeas una pelota de golf, esta sigue una trayectoria curva antes de aterrizar en el césped.

Ejemplo 127 (Disparar una Catapulta)**.** Las piedras o proyectiles lanzados por una catapulta siguen una trayectoria parabólica.

Ejemplo 128 (Tirar un Dardo)**.** Al lanzar un dardo hacia una diana, este sigue una curva suave en el aire.

Ejemplo 129 (Jugar al Baloncesto)**.** Al lanzar el balón hacia la canasta, este hace una curva en el aire antes de entrar en la canasta o rebotar en el tablero.

En todos estos ejemplos, el objeto lanzado se mueve hacia adelante y hacia abajo al mismo tiempo, formando una curva en el aire, ¡eso es el movimiento parabólico! Supóngase ahora el movimiento de un proyectil, el cual se efectúa en el plano perpendicular cercano a la superficie de la Tierra, y en ausencia del aire. En estas condiciones, el movimiento del proyectil tiene dos componentes: uno horizontal, uniforme con velocidad constante, y otro vertical, uniformemente variado, el cual es afectado por la aceleración de la gravedad.

Considérese el plano $x0y$ como el plano del movimiento, $0x$ como horizontal y $0y$ como el vertical, y supóngase que el proyectil es lanzado desde el origen con una velocidad inicial v_0 formando un ángulo θ con respecto al eje $0x$.

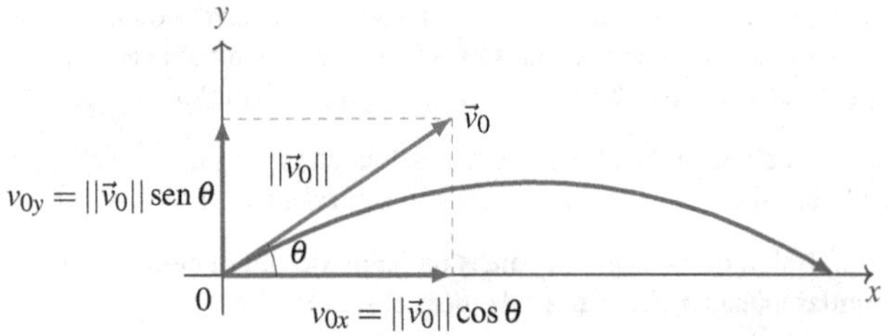

Por lo tanto, las componentes horizontal y vertical de la velocidad inicial v_0 son

$$v_{0x} = ||\vec{v}_0|| \cos\theta \quad \text{y} \quad v_{0y} = ||\vec{v}_0|| \operatorname{sen}\theta.$$

La componente horizontal del movimiento es uniforme, entonces

$$\frac{dv_x}{dt} = 0.$$

Separando variables

$$dv_x = 0dt.$$

Integrando ambos lados de la ecuación

$$\int dv_x = \int 0dt + C.$$

$$v_x = 0 + C = C.$$

Para determinar el valor de C, supóngase que en el instante $t = 0$, $v_x = v_{0x}$, entonces

$$v_{0x} = C.$$

$$v_x = v_{0x} = ||\vec{v}_0|| \cos\theta.$$

Sabemos que $\dfrac{dx}{dt} = v_x$. Expresando esta ecuación como

$$\frac{dx}{dt} = ||\vec{v}_0|| \cos\theta.$$

Separando variables

$$dx = ||\vec{v}_0|| \cos\theta dt.$$

Integrando ambos lados de la ecuación

$$\int dx = ||\vec{v}_0|| \cos\theta \int dt + C.$$

Luego

$$x = ||\vec{v}_0|| \cos\theta t + C.$$

Para determinar el valor de C, supóngase que en el instante $t = 0$, $x = 0$, entonces

$$(0) = ||\vec{v}_0|| \cos\theta(0) + C.$$

Por lo tanto

$$C = 0.$$

De aquí tenemos

$$x = ||\vec{v}_0|| \cos\theta t. \tag{2.16}$$

La componente vertical del movimiento es uniformemente acelerado, entonces

$$\frac{dv_y}{dt} = -g.$$

Separando variables

$$dv_y = -gdt.$$

Integrando ambos lados de la ecuación

$$\int dv_y = -g \int dt + C.$$

$$v_y = -gt + C.$$

Para determinar el valor de C, supóngase que en el instante $t = 0$, $v_y = v_{0y}$, entonces

$$v_{0y} = -g(0) + C.$$

De donde

$$v_y = -gt + v_{0y}.$$

$$v_y = ||\vec{v}_0|| \operatorname{sen}\theta - gt. \tag{2.17}$$

Expresando esta ecuación como

$$\frac{dy}{dt} = ||\vec{v}_0|| \operatorname{sen}\theta - gt.$$

Separando variables

$$dy = (||\vec{v}_0|| \operatorname{sen}\theta - gt)dt.$$

Integrando ambos lados de la ecuación

$$\int dy = ||\vec{v}_0|| \operatorname{sen}\theta \int dt - \int gtdt + C.$$

$$y = ||\vec{v}_0|| \operatorname{sen}\theta t - g\frac{t^2}{2} + C.$$

Para determinar el valor de C, supóngase que en el instante $t = 0$, $y = 0$, entonces

$$(0) = ||\vec{v}_0|| \operatorname{sen}\theta(0) - g\frac{(0)^2}{2} + C.$$

Por lo tanto $C = 0$ y obtenemos la siguiente

$$y = ||\vec{v}_0|| \operatorname{sen}\theta t - \frac{1}{2}gt^2. \tag{2.18}$$

Para hallar la ecuación de la trayectoria, debemos de eliminar el tiempo t de las ecuaciones (2.16) y (2.18). Por lo tanto, despejando el tiempo t en (2.16)

$$t = \frac{x}{||\vec{v}_0|| \cos\theta}.$$

Sustituyendo en (2.18)

$$y = ||\vec{v}_0|| \operatorname{sen}\theta \left(\frac{x}{||\vec{v}_0|| \cos\theta}\right) - \frac{1}{2}g\left(\frac{x}{||\vec{v}_0|| \cos\theta}\right)^2.$$

Al simplificar encontramos la **ecuación de la trayectoria**

$$y = x\tan\theta - x^2\frac{g}{2||\vec{v}_0||^2}\sec^2\theta. \tag{2.19}$$

Esta ecuación representa a una parabola que abre hacia abajo y que pasa por el origen del sistema de coordenadas.

Hemos demostrado que si el movimiento de un proyectil se efectúa cerca de la superficie de la Tierra en un plano perpendicular a ésta, la trayectoria del proyectil es parabólica.

Para hallar el tiempo que tarda el proyectil en alcanzar su máxima altura, observamos que, en ese instante, la velocidad final es igual a cero, es decir.

$$0 = ||\vec{v}_0|| \operatorname{sen}\theta - gt.$$

Por lo tanto

$$t = \frac{||\vec{v}_0||\,\mathrm{sen}\,\theta}{g}. \tag{2.20}$$

Para hallar la altura máxima H que alcanza el proyectil, sustituimos la ecuación (2.20) en (2.18)

$$H = ||\vec{v}_0||\,\mathrm{sen}\,\theta\left(\frac{||\vec{v}_0||\,\mathrm{sen}\,\theta}{g}\right) - \frac{1}{2}g\left(\frac{||\vec{v}_0||\,\mathrm{sen}\,\theta}{g}\right)^2.$$

$$H = \left(\frac{||\vec{v}_0||^2\,\mathrm{sen}^2\,\theta}{2g}\right) \quad \text{Altura máxima.} \tag{2.21}$$

El tiempo total de recorrido T se obtiene al multiplicar por 2 la ecuación (2.20)

$$T = \frac{2||\vec{v}_0||\,\mathrm{sen}\,\theta}{g} \quad \text{Tiempo total del recorrido.} \tag{2.22}$$

Para hallar el alcance A, esto es, la distancia horizontal que recorre el proyectil, sustituimos este último resultado en la ecuación (2.16)

$$A = ||\vec{v}_0||\cos\theta\left(\frac{2||\vec{v}_0||\,\mathrm{sen}\,\theta}{g}\right)$$

$$A = ||\vec{v}_0||\left(\frac{||\vec{v}_0||\,\mathrm{sen}(2\theta)}{g}\right) \quad \text{Alcance.} \tag{2.23}$$

2.8. Velocidad de escape

Imagina que tienes una pelota y quieres lanzarla tan fuerte que nunca vuelva a caer al suelo, sino que se vaya al espacio y siga adelante para siempre. La velocidad de escape es la velocidad que necesitas para hacer eso. Es como si la pelota tuviera que ser más rápida que la fuerza de la gravedad que la jala hacia abajo. Aquí tienes algunos ejemplos relacionados con la idea de la velocidad de escape:

Ejemplo 130 (Cohetes Espaciales)**.** Para que un cohete salga de la Tierra y vaya al espacio, tiene que alcanzar la velocidad de escape, que es de unos 11.2 kilómetros por segundo. ¡Eso es mucho más rápido que un auto de carreras!

Ejemplo 131 (Volcanes en la Luna de Júpiter, Io)**.** Io, una luna de Júpiter, tiene volcanes que lanzan material hacia el espacio. Aunque no alcanzan la velocidad de escape de Io, es un ejemplo de cómo algo intenta “escapar”de la gravedad de un cuerpo celeste.

Ejemplo 132 (Fugas de Atmósfera en Planetas Pequeños). Algunos planetas pequeños o lunas no pueden mantener su atmósfera porque las moléculas de gas alcanzan velocidades cercanas a la velocidad de escape, y se van al espacio.

Ejemplo 133 (Cometas). Cuando un cometa se acerca al Sol, parte de su material se calienta y se lanza al espacio. Si alguna de esas partículas alcanza la velocidad de escape, no volverá al cometa.

En todos estos ejemplos, hay cosas que intentan o necesitan alcanzar una velocidad muy alta para "escapar"de la fuerza de gravedad de un planeta o luna y moverse libremente en el espacio.

Ahora analizaremos el problema de determinar la velocidad de una partícula que es lanzada en dirección radial hacia afuera de la superficie de la tierra, y que está sujeta únicamente, a la aceleración de la gravedad de ésta.

De acuerdo con la ley de la gravitación de Newton, la aceleración de una partícula es inversamente proporcional al cuadrado de la distancia que hay de la partícula al centro de la tierra.

Sea r la distancia variable de la partícula al centro de la tierra, y R el radio de ésta. Si t representa el tiempo, $\vec{v}$ la velocidad de la partícula, a su aceleración, y k la constante de proporcionalidad de la ley de Newton, entonces:

$$\vec{a} = \frac{d\vec{v}}{dt} = \frac{k}{r^2}$$

Para determinar el valor de la constante de proporcionalidad k, aplicamos la condición de que la aceleración sobre la superficie de la tierra es $\vec{a} = -\vec{g}$ cuando $r = R$, entonces

$$-\vec{g} = \frac{k}{R^2}$$

por lo tanto

$$\vec{a} = \frac{-\vec{g}R^2}{r^2}$$

Para expresar la aceleración de la partícula en términos de la velocidad y la distancia, aplicamos la regla de la cadena.

$$\vec{a} = \frac{d\vec{v}}{dt} = \frac{d\vec{v}}{dr}\frac{dr}{dt}$$

$$-\frac{\vec{g}R^2}{r^2} = \frac{d\vec{v}}{dr}\vec{v}$$

Separando variables

$$\vec{v}d\vec{v} = -\frac{\vec{g}R^2}{r^2}dr.$$

Integrando ambos lados de la ecuación

$$\int \vec{v}d\vec{v} = -\vec{g}R^2 \int \frac{dr}{r^2}$$

$$\frac{\vec{v}^2}{2} = \frac{\vec{g}R^2}{r} + C.$$

Por lo tanto, una partícula lanzada en dirección radial hacia afuera de la superficie de la tierra, con una revolución inicial $\vec{v}_0$, se moverá con una velocidad $\vec{v}$ de acuerdo a la ecuación

$$\frac{\vec{v}^2}{2} = \frac{\vec{g}R^2}{r} + \frac{\vec{v}_0^2}{2} - \vec{g}R.$$

Si se impone la condición de que $\vec{v} \to 0$ cuando $\vec{r} \to \infty$, entonces

$$\frac{\vec{v}_e^2}{2} - \vec{g}R = 0 \text{ luego } \vec{v}_e = \sqrt{2\vec{g}R}.$$

Esta es la velocidad mínima de lanzamiento, desde la superficie, para una partícula que logre escapar de la gravedad de la tierra. De aquí que se le conozca como **velocidad de escape**. El radio de la tierra es de aproximadamente 6400000 metros, y a aceleración de la gravedad en su superficie es de 9.8 m/s^2.

Por lo tanto, la velocidad de escape desde su superficie

$$\vec{v}_e = \sqrt{2\vec{g}R} = \sqrt{2(9.8\,\mathrm{m/s^2})(6400000\mathrm{m})} = 11200\,\mathrm{m/s} = 11.2\,\mathrm{km/s}$$

Capítulo 3

Cilindros Y Superficies Cuadráticas

Ya se han considerado dos tipos especiales de superficies: planos y esferas. Aquí se investigan otros dos tipos de superficies: cilindros y superficies cuadráticas. A fin de bosquejar la gráfica de una superficie con planos paralelos a los planos coordenados. Estas curvas se llaman **trazas** (o secciones transversales) de la superficie.

3.1. Cilindros

Un cilindro es una forma que tiene dos círculos idénticos en la parte superior e inferior, y una superficie curva que los conecta. Es como un tubo con tapas circulares en ambos extremos. Aquí tienes algunos ejemplos:

Ejemplo 134 (Lata de Refresco)**.** Esas latas que contienen bebidas son cilindros.

Ejemplo 135 (Rollo de Papel Higiénico)**.** El tubo de cartón en el centro es un cilindro.

Ejemplo 136 (Cilindro de Gas)**.** Los cilindros que contienen gas para cocinar o para calentar son cilíndricos.

Ejemplo 137 (Tubo de Ensayo)**.** En los laboratorios, los tubos de ensayo que se usan para hacer experimentos son cilindros pequeños.

En todos estos ejemplos, puedes ver objetos que tienen dos círculos planos en los extremos y una superficie curva que los une, ¡eso es un cilindro!

Un **cilindro** es una superficie que consta de líneas (llamadas **generatrices**) que son paralelas a la línea dada y que pasa por una curva plana dada.

Ejemplo 138. Bosqueje la gráfica de la superficie $z = x^2$.

Demostración. Observe que la ecuación de la gráfica $z = x^2$, no tiene que ver con y. Esto significa que cualquier plano vertical con ecuaciones $y = k$ (paralelo al plano xz) corta a la gráfica en una curva con ecuación $z = x^2$.

Así que estas trazas verticales son parábolas. En la figura se muestra cómo se forma la gráfica al tomar la parábola $z = x^2$ en el plano xz y moverla en la dirección del eje y. La gráfica es una superficie, llamada **cilindro parabólico**, hecha de un número infinito de copias desplazadas de la misma parábola. Aquí las generatrices del cilindro son paralelas al eje y.

Ejemplo 139 (Barril)**.** Los barriles que se usan para almacenar vino o cerveza tienen forma de cilindro.

Ejemplo 140 (Bote de Pringles)**.** El recipiente donde vienen las papas Pringles es un cilindro.

Ejemplo 141 (Tubo de Pasta Dental)**.** El tubo donde viene la pasta dental es un cilindro.

Ejemplo 142 (Vasos)**.** Muchos vasos tienen forma cilíndrica.

Ejemplo 143 (Bote de Basura)**.** Algunos botes de basura son cilindros grandes.

Ejemplo 144 (Pilares o Columnas)**.** Algunas columnas que sostienen edificios son cilindros.

Se observa que la variable y falta en la ecuación del cilindro del ejemplo. Esto es característico de una superficie cuyas generatrices son paralelas a uno de los ejes coordenados. Si una de las variables x, y o z falta en la ecuación de una superficie, entonces la superficie es un cilindro.

Ejemplo 145. Identifique y bosqueje las superficies

a.- $x^2 + y^2 = 1$. b.- $y^2 + z^2 = 1$.

Demostración. a.- Puesto que z falta en las ecuaciones $x^2 + y^2 = 1$, $z = k$ representa un círculo de radio 1 en el plano $z = k$, la superficie $x^2 + y^2 = 1$ es un cilindro cuyo eje es el eje z.

Aquí las directrices son líneas verticales.

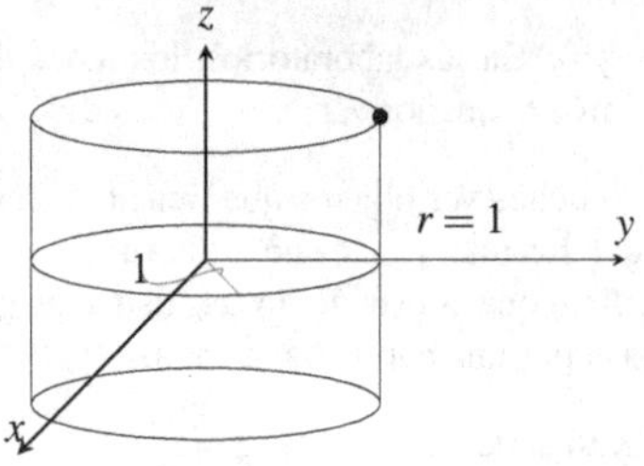

b.- En este caso falta x y la superficie es un cilindro circular cuyo eje es el eje x. Se obtiene al tomar el

Círculo $y^2 + z^2 = 1, x = 0$ en el plano yz y moverlo paralelo al eje x.

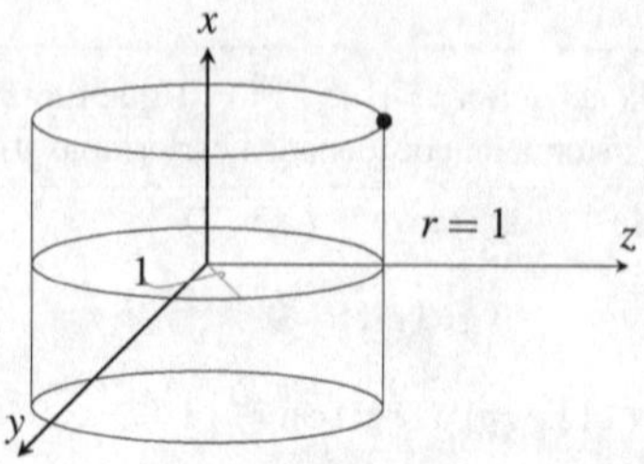

Nota 3.1.1. Cuándo se trata con superficies, es importante reconocer que una ecuación como $x^2 + y^2 = 1$ representa un cilindro y no una circunferencia. La traza del cilindro $x^2 + y^2 = 1$ en el plano xy es la circunferencia con ecuaciones $x^2 + y^2 = 1$, $z = 0$. Aquí tienes la gráfica de la ecuación $x^2 + y^2 = 1$, que representa una circunferencia de radio 1 centrada en el origen en un sistema de coordenadas cartesianas. Como puedes ver, se han graficado tanto la raíz positiva como la negativa para obtener el círculo completo.

```
import matplotlib.pyplot as plt
import numpy as np

# Definir el rango de valores para x
x = np.linspace(-1.0, 1.0, 1000)

# Calcular los valores correspondientes de y
y_positive = np.sqrt(1 - x**2)  # Raíz positiva
y_negative = -np.sqrt(1 - x**2)  # Raíz negativa

# Crear la gráfica
plt.figure(figsize=(6,6))
plt.plot(x, y_positive, label=r'$y = \sqrt{1 - x^2}$')
plt.plot(x, y_negative, label=r'$y = -\sqrt{1 - x^2}$')
plt.title('Gráfica de $x^2 + y^2 = 1$')
plt.xlabel('x')
plt.ylabel('y')
plt.legend()
plt.grid(True)
```

```
plt.axis('equal')  # Esto asegura que los ejes x e y tengan la
    ↪ misma escala

# Mostrar la gráfica
plt.show()
```

Aquí está la gráfica 3D de la ecuación $x^2 + y^2 + z^2 = 1$ que representa una esfera de radio 1 centrada en el origen en un sistema de coordenadas cartesianas tridimensionales.

```
from mpl_toolkits.mplot3d import Axes3D

# Crear una figura para la gráfica 3D
fig = plt.figure()
ax = fig.add_subplot(111, projection='3d')

# Crear los valores para theta y phi
theta = np.linspace(0, 2 * np.pi, 100)
phi = np.linspace(0, np.pi, 100)

# Crear la malla de coordenadas esféricas
theta, phi = np.meshgrid(theta, phi)

# Transformar a coordenadas cartesianas
x = np.sin(phi) * np.cos(theta)
y = np.sin(phi) * np.sin(theta)
z = np.cos(phi)

# Graficar la esfera
ax.plot_surface(x, y, z, color='b', alpha=0.6)  # alpha para
    ↪ transparencia

# Etiquetas de ejes
ax.set_xlabel('X')
ax.set_ylabel('Y')
ax.set_zlabel('Z')

# Título de la gráfica
ax.set_title('Gráfica␣3D␣de␣$x^2␣+␣y^2␣+␣z^2␣=␣1$')

# Mostrar la gráfica
plt.show()
```

3.2. Superficies Cuadráticas

Una superficie cuadrática es un tipo de forma que parece una curva o una montaña y puede tener diferentes aspectos, como un cuenco o una silla de montar. Aquí tienes diez ejemplos de la vida real:

Ejemplo 146 (Montañas y Colinas)**.** Algunas montañas y colinas tienen formas curvas que se parecen a las superficies cuadráticas.

Ejemplo 147 (Parabólicas de Antenas)**.** Las antenas parabólicas que captan señales de televisión o radio tienen una forma curva similar a una superficie cuadrática.

Ejemplo 148 (Cubetas o Tazones)**.** Algunos tazones o cubetas tienen una forma curva en el interior, como una superficie cuadrática.

Ejemplo 149 (Rampas de Skate)**.** Las rampas en los parques de skate a menudo tienen curvas que se asemejan a superficies cuadráticas.

Ejemplo 150 (Puentes Arqueados)**.** Algunos puentes tienen arcos que forman una curva parecida a una superficie cuadrática.

Ejemplo 151 (Cúpulas de Edificios)**.** Las cúpulas de algunos edificios tienen una forma curva que puede asemejarse a una superficie cuadrática.

Ejemplo 152 (Crisoles de Laboratorio)**.** Los crisoles utilizados en laboratorios para calentar sustancias tienen una forma curva en el interior.

Ejemplo 153 (Caparazones de Tortugas)**.** Algunas tortugas tienen caparazones con una forma curva que recuerda a una superficie cuadrática.

Ejemplo 154 (Asientos de Sillas)**.** Algunas sillas tienen asientos curvos para mayor comodidad, similares a una superficie cuadrática.

Ejemplo 155 (Cascos de Ciclistas)**.** Algunos cascos de ciclistas tienen una forma curva que ayuda a proteger la cabeza.

En todos estos ejemplos, puedes ver objetos que tienen formas curvas, algunas de las cuales pueden ser similares a las superficies cuadráticas.

Una **superficie cuadrática** es la gráfica de una ecuación de segundo grado en tres variables x, y y z. La ecuación más general es.

$$Ax^2 + By^2 + Cz^2 + Dxy + Eyz + Fxz + Gx + Hy + Iz + J = 0$$

donde A,B,C,D,E,F,G,H,I y J son constantes, pero por translación y rotación se puede llevar a una de las dos formas estándar

$$Ax^2+By^2+Cz^2+J=0$$

o bien

$$Ax^2+By^2+Jz=0.$$

Las superficies cuadráticas son las contrapartes en tres dimensiones de las secciones cónicas en el plano.

Ejemplo 156. Use trazas para bosquejar la superficie cuadrática con ecuación

$$x^2+\frac{y^2}{9}+\frac{z^2}{4}=1.$$

Demostración. Al sustituir $z=0$, se encuentra que la traza en el plano xy es $x^2+\frac{y^2}{9}=1$, que se reconoce como una ecuación de una elipse. En general, la traza horizontal en el plano $z=k$ es

$$x^2+\frac{y^2}{9}=1-\frac{k^2}{4};z=k$$

.

que es una elipse, siempre que $k^2<4$, es decir, $-2<k<2$. De manera similar, las trazas verticales son también elipses

$$\frac{y^2}{9}+\frac{z^2}{4}=1-k^2;\quad x=k;\quad (\text{si } -1<k<1).$$

$$x^2+\frac{z^2}{4}=1-\frac{k^2}{9};\quad y=k;\quad (\text{si } -3<k<3).$$

En la figura se ilustra como con dibujar algunas trazas se indica la forma de la superficie. Se llama **elipsoide** porque todas sus trazas son elipses.

Observe que es simétrica con respecto a cada plano coordenado; está es una reflexión del hecho de que su ecuación tiene que ver sólo con potencias pares de x, y y z.

Para resolver y graficar la ecuación $x^2 + \frac{y^2}{9} + \frac{z^2}{4} = 1$, lo que tienes es una ecuación de un elipsoide centrado en el origen. La ecuación general de un elipsoide se da por $\frac{x^2}{a^2} + \frac{y^2}{b^2} + \frac{z^2}{c^2} = 1$, donde a, b, y c son los radios del elipsoide a lo largo de los ejes x, y, y z respectivamente. En tu caso, $a = 1$, $b = 3$, y $c = 2$.

Para visualizar este elipsoide en Python, podemos usar la biblioteca 'matplotlib'junto con 'numpy'. Primero, generaremos puntos en un espacio de coordenadas esféricas y luego los convertiremos a coordenadas cartesianas, aprovechando la simetría del elipsoide para cubrir todo el espacio.

Aquí te dejo el código paso a paso:

1. Importar las bibliotecas necesarias.
2. Crear un conjunto de puntos en coordenadas esféricas.
3. Convertir esos puntos a coordenadas cartesianas usando las transformaciones apropiadas que corresponden a los radios del elipsoide en cada eje.
4. Graficar el elipsoide usando 'plot_surface'de 'matplotlib'.

.

```
import numpy as np
import matplotlib.pyplot as plt
from mpl_toolkits.mplot3d import Axes3D

# Paso 2: Crear puntos en coordenadas esféricas
u = np.linspace(0, 2 * np.pi, 100)
v = np.linspace(0, np.pi, 100)
u, v = np.meshgrid(u, v)

# Paso 3: Transformar a coordenadas cartesianas
x = np.cos(u) * np.sin(v)
y = 3 * np.sin(u) * np.sin(v)  # Multiplicamos por 3 para el eje y
z = 2 * np.cos(v)              # Multiplicamos por 2 para el eje z

# Paso 4: Graficar el elipsoide
fig = plt.figure()
ax = fig.add_subplot(111, projection='3d')
```

```
ax.plot_surface(x, y, z, color='b', edgecolor='none')
ax.set_xlabel('Eje␣X')
ax.set_ylabel('Eje␣Y')
ax.set_zlabel('Eje␣Z')
ax.set_title('Elipsoide␣$x^2␣+␣\\frac{y^2}{9}␣+␣\\frac{z^2}{4}␣=␣1$
    ↪ ')

plt.show()
```

Este código creará una representación gráfica del elipsoide.

Ejemplo 157. Use trazas para bosquejar la superficie $z = 4x^2 + y^2$?

Demostración. Si se escribe $x = 0$, se obtiene $z = y^2$, de modo que el plano yz corta a la superficie en una parabola.
Si se escribe $x = k$(una constante), se obtiene $z = y^2 + 4k^2$. Esto significa que si se corta la gráfica en secciones con cualquier plano paralelo al plano yz, se obtiene una parábola que abre hacia arriba. De manera similar, si $y = k$, la traza es $z = 4x^2 + k^2$, que es de nuevo una parábola que abre hacia arriba. Si se escribe $z = k$, se obtiene las trazas horizontales $4x^2 + y^2 = k$, que se reconocen como una familia de elipses. Al conocer las formas de las trazas, se puede bosquejar la gráfica
La superficie $z = 4x^2 + y^2$ es un paráboloide elíptico. Las trazas horizontales son elipses las trazas verticales son parábolas. Como resulta de de las trazas elípticas y parabólicas, la superficie cuadrática $z = 4x^2 + y^2$ se llama **paraboloide elíptico**.
Para resolver y graficar la superficie dada por la ecuación $z = 4x^2 + y^2$, estamos trabajando con una paraboloide. Esta es una superficie cuadrática que se extiende infinitamente en una dirección (en este caso, en la dirección positiva de z) y tiene una curvatura parabólica en las direcciones x e y.
Podemos usar Python con las bibliotecas 'matplotlib'para la visualización y 'numpy'para el manejo de 'arrays'y operaciones matemáticas. Aquí está el código paso a paso para graficar la superficie:

1. Importar las bibliotecas necesarias.

2. Definir los rangos de x e y sobre los cuales queremos evaluar la función.

3. Calcular los valores de z basados en nuestra ecuación.

4. Usar 'plot_surface'para graficar la superficie.

```
import numpy as np
import matplotlib.pyplot as plt
from mpl_toolkits.mplot3d import Axes3D

# Paso 2: Definir los rangos de x e y
x = np.linspace(-5, 5, 100)  # Ajusta el rango según sea necesario
y = np.linspace(-5, 5, 100)
x, y = np.meshgrid(x, y)

# Paso 3: Calcular los valores de z
z = 4*x**2 + y**2

# Paso 4: Graficar la superficie
fig = plt.figure()
ax = fig.add_subplot(111, projection='3d')
ax.plot_surface(x, y, z, cmap='viridis')  # Usa el mapa de colores
    ↪ 'viridis'

ax.set_xlabel('Eje X')
ax.set_ylabel('Eje Y')
ax.set_zlabel('Eje Z')
ax.set_title('Superficie $z = 4x^2 + y^2$')

plt.show()
```

Este código produce una representación tridimensional de la superficie parabólica dada.

Ejemplo 158. Trace la gráfica de la función $f(x,y) = 6 - 3x - 2y$ o $3x + 2y + z = 6$, que es un plano.

Demostración. Para dibujar el plano, en primer lugar calculamos las intersecciones. Al poner $y = z = 0$ en la ecuación, se obtiene $x = 2$ como la intersección en el eje x.

De manera análoga, la intersección sobre el eje $z = 6$.

Esto ayuda a trazar la porción de la gráfica que está en el primer octante de la figura.

La función anterior es un caso especial de la función

$$f(x,y) = ax + by + c$$

la cual se llama **función lineal**. La gráfica de dicha función tiene como ecuación $z = ax + by + c$ o $ax + by - z + c = 0$. Así que es un plano. De manera muy semejante a la forma en que las funciones lineales de una variable son importantes para el calculo de una variable, las funciones lineales desempeñan un papel central en el cálculo multivariable.

Ejemplo 159. Trace la gráfica de la función $f(x,y) = y^2 - x^2$

Demostración. Las Trazas de los planos verticales $x = k$ son las parábolas $z = y^2 - k^2$, que se abren hacia arriba. las trazas en $y = k$ son las parábolas $z = -x^2 + k^2$, que se abren hacia abajo. Las trazas horizontales son $y^2 - x^2 = k$, una familia de hipérbolas. Se dibujan las familias de trazas en GEOGEBRA y se muestra cómo aparecen las trazas cuando se colocan en el plano correcto dibujado en GEOGEBRA.

Las trazas en $x = k$ son las son $z = y^2 - k^2$.

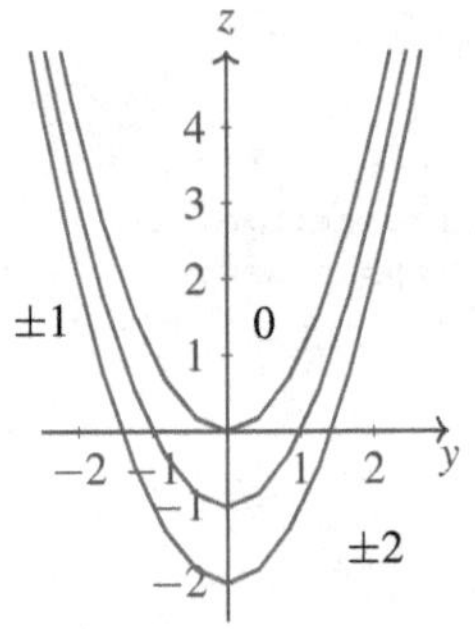

Las trazas en $y = k$ son las son $z = -x^2 + k^2$.

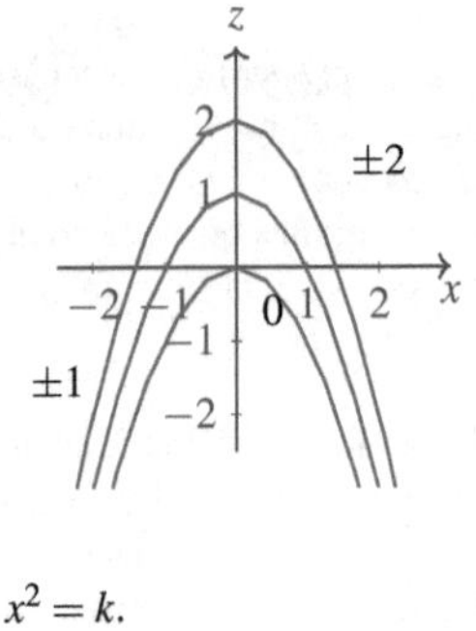

Las trazas en $z = k$ son $y^2 - x^2 = k$.

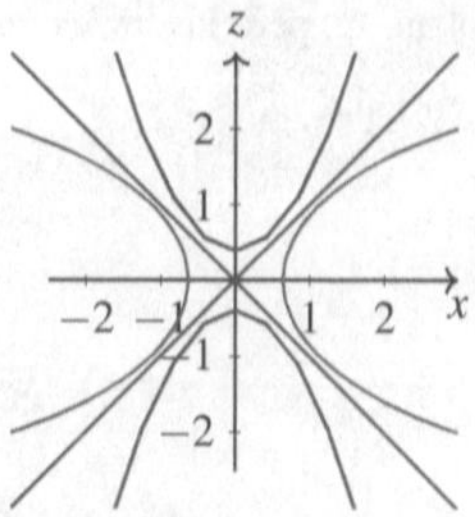

Las trazas en $x = k$. Las trazas en $y = k$. Las trazas en $z = k$.

Juntando todas las trazas de las figuras anteriores para formar superficies $z = y^2 - x^2$, una paraboloide hiperbólico.(Usar GEOGEBRA) Observese que la forma de las superficies cerca del origen se parece a una silla de montar.

Ejemplo 160. Bosqueje la superficie $\frac{x^2}{4} + y^2 - \frac{z^2}{4} = 1$.

Demostración. La traza en cualquier plano horizontal $z = k$ es la elipse

$$\frac{x^2}{4} + y^2 = 1 + \frac{k^2}{4}, \quad z = k,$$

pero las trazas en los planos xz y yz son las hipérbolas

$$\frac{x^2}{4} - \frac{z^2}{4} = 1, \quad y = 0 \qquad \text{y} \qquad y^2 - \frac{z^2}{4} = 1, \quad x = 0.$$

Esta superficie se llama **hiperboloide de una hoja**(Usar GEOGEBRA).

La idea de usar trazas para dibujar una superficie se emplea en software de gráficacion tridimensional para computadoras.

Ejemplo 161. Identifique y bosqueje la superficie $4x^2 - y^2 + 2z^2 + 4 = 0$

Demostración. Dividiendo entre -4 primero se escribe la ecuación en la forma estándar:

$$-x^2 + \frac{y^2}{4} - \frac{z^2}{2} = 1.$$

Se ve que representa un hiperboloide de dos hojas, la única diferencia es que en este caso el eje del hiperboloide es el eje y. Las trazas en el plano xy y yz son las hipérbolas.

$$-x^2 + \frac{y^2}{4} = 1, \quad z = 0 \qquad \text{y} \qquad \frac{y^2}{4} - \frac{z^2}{2} = 1, \quad x = 0.$$

La superficie no tiene traza en el plano xz, pero las trazas en los planos verticales $y=k$ para $|k|>2$ son las elipses

$$x^2+\frac{z^2}{2}=\frac{k^2}{4}-1, \quad y=k,$$

que se puede escribir como

$$\frac{x^2}{\frac{k^2}{4}-1}+\frac{z^2}{2\left(\frac{k^2}{4}-1\right)}=1, \quad y=k.$$

Estas trazas se emplean para hacer el bosquejo de la figura $4x^2-y^2+2z^2+4=0$(Usar GEOGEBRA).

Ejemplo 162. Clasifique la superficie cuadrática $x^2+2z^2-6x-y+10=0$.

Demostración. Al completar el cuadrado se reescribe la ecuación como

$$y-1=(x-3)^2+2z^2$$

se ve que representa una paraboloide elíptico. Sin embargo, aqui el eje del paraboloide es paralelo al eje y, y ha sido desplazado de modo que su vértice es el punto $(3,1,0)$. Las trazas en el plano $y=k(k>1)$ son las elipses.

$$(x-3)^2+2z^2=k-1$$

$$y=k$$

La traza en el plano xy es la parábola con ecuación $y=1+(x-3)^2$, $z=0$ el paraboloide $x^2+2z^2-6x-y+10=0$(Usar GEOGEBRA).

3.3. Ejercicios

1. En los ejercicios siguientes, demuestre que los cuatro puntos dados se encuentran en un mismo plano. Determine la ecuación del plano en que se encuentran.

   a) $A(1,1,-1), B(0,1,1), C(1,0,1), D(2,2,-5)$.

   b) $A(-1,1,2), B(2,2,0), C(1,1,1), D(-1,3,1)$.

   c) $A(0,0,1), B(2,-4,3), C(5,-7,2), D(-4,7,-2)$.

2. Sean $\vec{u},\vec{v}$ y $\vec{w}$ tres vectores en $\mathbb{R}^3$. Demuestre que $|\vec{u}\vec{v}\vec{w}|\leq||\vec{u}||||\vec{v}||||\vec{w}||$.

3. Calcular el área del paralelogramo generado por los vectores $\vec{u} = (3,2,5)$, $\vec{v} = (0,2,7)$.

4. Calcular el área del paralelogramo cuyos vértices son $A(1,1,1)$, $B(2,3,4)$, $C(-2,1,5)$, $D(-1,3,8)$.

5. Calcular el área del triángulo cuyos vértices son $A(3,2,3)$, $B(-1,2,5)$, $C(0,2,7)$.

6. Calcular el volumen del paralelepípedo generado por los vectores $\vec{u} = (2,1,4)$, $\vec{v} = (-1,0,9)$, $\vec{w} = (3,2,2)$.

7. Calcular el volumen del tetraedro cuyos vértices son el origen de coordenadas y los puntos $A(2,1,1)$, $B(-3,7,9)$ y $C(-1,-5,0)$.

8. Calcular el volumen del tetraedro cuyos vértices son los puntos $A(2,1,2)$, $B(5,3,7)$, $C(-3,4,9)$ y $D(10,9,11)$.

9. Encuentre el área del triángulo cuyos vértices están en $P(1,3,2)$, $Q(2,-1,1)$ y $R(-1,2,3)$.

10. Nota: Los ejercicios siguientes se refieren a coordenadas cilíndricas y esféricas.

    a) Determine las coordenadas cilíndricas de los siguientes puntos dados en el sistema cartesiano: a) $\vec{p} = (2,1,1)$; b) $\vec{p} = (-1,3,5)$; c) $\vec{p} = (1,0,0)$; d) $\vec{p} = (2,3,-1)$.

    b) Determine las coordenadas cartesianas de los siguientes puntos dados en el sistema de coordenadas cilíndricas: a) $\vec{p} = (2,0,1)$; b) $\vec{p} = (1,\pi,3)$; c) $\vec{p} = (3,5\pi/3,-2)$; d) $\vec{p} = (16,7\pi/4,0)$.

    c) Escriba la ecuación del cono $z = \sqrt{x^2+y^2}$ en coordenadas cilíndricas.

    d) Escriba la ecuación de la esfera unitaria $x^2+y^2+z^2 = 1$ en coordenadas cilíndricas.

    e) Escriba la ecuación de los paraboloides: a) $z = x^2+y^2$; b) $z = 2x^2+3y^2$, en coordenadas cilíndricas.

    f) Determine las coordenadas esféricas de los siguientes puntos dados en el sistema coordenado cartesiano: a) $\vec{p} = (1,0,0)$; b) $\vec{p} = (3,1,-1)$, c) $\vec{p} = (0,1,1)$; d) $\vec{p} = (-2,-3,-5)$.

    g) Determine las coordenadas cartesianas de los siguientes puntos dados en el sistema de coordenadas esféricas: a) $\vec{p} = (1,0,0)$; b) $\vec{p} = (2,\pi/2,\pi/2)$; c) $\vec{p} = (1,\pi/3,3\pi/4)$; d) $\vec{p} = (4,7\pi/4,\arccos(l/4))$.

    h) Escriba la ecuación del cilindro circular recto $x^2+y^2 = 9$ en coordenadas esféricas.

i) Escriba la ecuación de la esfera $(x-1)^2+y^2+z^2=1$ en coordenadas esféricas.

j) Escriba la ecuación de las esferas: a) $(x-a)^2+y^2+z^2=a^2$; b) $x^2+(y-a)^2+z^2$; c) $x^2+y^2+(z-a)^2=a^2$, en coordenadas esféricas.

k) Escriba la ecuación del cono $z^2=a^2(x^2+y^2)$ en coordenadas esféricas.

11. En los ejercicios siguientes, determine la ecuación del plano que pasa por el punto $\vec{p}$ y tiene al vector $\vec{n}$ como vector normal.

a) $\vec{p}=(0,0,0), \vec{n}=(1,1,1)$.

b) $\vec{p}=(2,1,1), \vec{n}=(1,0,0)$.

c) $\vec{p}=(3,4,5), \vec{n}=(0,2,3)$.

d) $\vec{p}=(2,-1,0), \vec{n}=(3,2,6)$.

e) $\vec{p}=(0,2,0), \vec{n}=(-2,-7,4)$.

12. Hallar la ecuación del plano que pasa por $\vec{p}=(x_0,y_0,z_0)$ y tiene a $\vec{p}$ por vector normal.

13. Considere los puntos $\vec{p}=(1,-1,3)$, $\vec{q}=(3,2,1)$. Hallar la ecuación del plano: a) que pasa por $\vec{p}$ y tiene a $\vec{n}=\vec{p}-\vec{q}$ por vector normal; b) que pasa por $\vec{q}$ y tiene a $\vec{n}=\vec{q}-\vec{p}$ por vector normal.

14. Hallar la ecuación del plano que pasa por el punto $\vec{p}=(5,1,1)$, si se sabe que los vectores $\vec{u}=(2,1,2)$, $\vec{v}=(-4,-5,7)$ son paralelos a él.

15. Hallar la ecuación del plano que pasa por los dos puntos $\vec{p}=(1,1,0)$, $\vec{q}=(3,2,4)$, si se sabe que el vector $\vec{u}=(7,-1,-3)$ es paralelo a él.

16. En los ejercicios siguientes, determine si los puntos $\vec{p}$ y $\vec{q}$ pertenecen al plano dado.

a) $3x-y+z=1, \vec{p}=(0,0,1), \vec{q}=(1,1,-1)$.

b) $z=3, \vec{p}=(3,1,3), \vec{q}=(3,3,5)$.

c) $x+y-4z=0, \vec{p}=(0,0,0), \vec{q}=(2,2,1)$.

d) $3x-2y=0, \vec{p}=(2,1,1), \vec{q}=(-3,2,5)$.

e) $x+y-2z=10, \vec{p}=(5,7,2), \vec{q}=(5,7,1)$.

17. En los ejercicios siguientes, determine un punto por el que pasa el plano dado y un vector normal a él.

a) $3x+z=3$.

b) $y = 0$.

c) $x - y - z = 5$.

d) $3x - 2y + 7z = 23$

18. Sean los vectores $\vec{v} = (1, -3, 2)$ y $\vec{w} = (4, 2, 1)$ calcule:

a) $\vec{v} + \vec{w}$.

b) $2\vec{v}$.

c) $\vec{v} - \vec{w}$.

19. Encuente el producto escalar $\vec{v} \cdot \vec{w}$ donde:

a) $\vec{v} = (-1, 3)$, $\vec{w} = (-1, 5)$.

b) $\vec{v} = (-6, 12)$, $\vec{w} = (15, -10)$.

20. Calcule la norma del vector $\vec{v} = (4, 2, 1)$.

21. Hallar el ángulo que forman los vectores $\vec{v} = (2, 10, 3)$ y $\vec{w} = (10, 8, 12)$.

22. Demuestre que los vectores $\vec{v} = (1, -1, 1)$ y $\vec{w} = (2, 3, 1)$ son ortogonales.

23. Encuentre un vector ortogonal a:

a) $\vec{v} = (1, 2)$.

b) $\vec{w} = (-3, -4)$.

24. Calcule la distancia entre los siguientes vectores:

a) $\vec{v} = (2, 3)$, $\vec{w} = (4, 7)$.

b) $\vec{v} = (-1, 1)$, $\vec{w} = (4, 0)$.

25. Calcule el área del paralelogramo determinado por los vectores:

a) $\vec{v} = (1, -1, 2)$, $\vec{w} = (-2, 0, 3)$.

b) $\vec{v} = (1, 0, -1)$, $\vec{w} = (-3, -1, 2)$.

26. Calcule $\vec{v} \times \vec{w}$ dados Dados $\vec{v} = (2, -1, 3)$, $\vec{w} = (1, -2, -1)$.

27. Encontrar un plano π que pasa por el punto $(2, 5, 1)$ y cuyo vector normal es $(1, -2, 3)$.

28. En los ejercicios siguientes, determine si los planos dados son paralelos, perpendiculares, o si no están en ninguno de estos dos casos. (Nota: dos planos son perpendiculares si sus vectores normales lo son).

    a) $3x+y-z=3$, $z-y=8$.
    b) $x+4y-2z=1$, $2x+8y-4z=7$.
    c) $y=3$, $y=7$.
    d) $x=0$, $z=0$.
    e) $x-y+z=1$, $x-y+z=9$.

29. Hallar la ecuación del plano que pasa por el punto $\vec{p}=(3,2,2)$ y es paralelo al plano $3x-2y+z=6$.

30. Hallar la ecuación del plano que pasa por el origen de coordenadas y es perpendicular al plano $4x-y+z=9$.

31. En los ejercicios siguientes, determine la ecuación del plano que pasa por los tres puntos dados.

    a) $\vec{p}=(0,0,0)$, $\vec{q}=(3,1,1)$, $\vec{r}=(-1,2,4)$.
    b) $\vec{p}=(2,1,0)$, $\vec{q}=(0,0,7)$, $\vec{r}=(2,1,1)$.
    c) $\vec{p}=(1,-1,-1)$, $\vec{q}=(8,4,2)$, $\vec{r}=(2,1,5)$.
    d) $\vec{p}=(1,4,9)$, $\vec{q}=(-3,1,5)$, $\vec{r}=(4,4,11)$.
    e) $\vec{p}=(a,0,0)$, $\vec{q}=(0,b,0)$, $\vec{r}=(0,0,c)$.

32. En los ejercicios siguientes, calcule la distancia del punto $\vec{p}$ al plano dado.

    a) $\vec{p}=(5,30,426)$, $x=3$.
    b) $\vec{p}=(3,-2,5)$, $2x-y+z=0$.
    c) $\vec{p}=(1,1,5)$, $2x+3y-2z=4$.

33. Habiendo verificado que los planos $2x+y-z=4$, $4x+2y-2z-5=0$ son paralelos, calcule la distancia entre ellos.

34. Suponga que los planos $A_1x+B_1y+C_1z=D_1$, $A_2x+B_2y+C_2z=D_2$ son paralelos. Obtenga una fórmula para calcular la distancia entre ellos.

35. Dos caras de un cubo se encuentran en los planos $3x-y+2z=5$, $3x-y+2z=7$. Calcule el volumen del cubo.

36. Los vectores $\vec{u} = (1,2,1)$, $\vec{v} = (-3,1,1)$, $\vec{p} = (1,-4,7)$ determinan 3 de las aristas de un paralelepípedo. Halle las ecuaciones de los planos en que se encuentran sus caras.

37. Hallar un punto en el eje x que equidiste de los dos planos paralelos $3x - y + 22 = 6$, $3x - y + 22 = 13$.

38. Hallar un punto en el eje y que equidiste de los dos planos $2x + 2y + z = 0$, $4x - 3y = 2$.

39. Demuestre que los tres planos $x + y + z = 6$, $x - y - z = 0$, $2x - 3y + z = 1$ se cortan en un solo punto. Determine este punto.

40. En cada uno de los ejercicios siguientes, determine la ecuación de la recta que pasa por el punto $\vec{p}$ dado y tiene al vector $\vec{v}$ como vector paralelo.

    a) $\vec{p} = (0,0,0)$, $\vec{v} = (1,1,1)$.
    b) $\vec{p} = (0,1,0)$, $\vec{v} = (0,1,0)$.
    c) $\vec{p} = (2,-4,-7)$, $\vec{v} = (3,1,2)$.

41. Hallar la ecuación de la recta que pasa por el punto $\vec{p} = (2,1,1)$ y es paralela al vector que une $\vec{p}$ con el punto $\vec{q} = (2,-3,-5)$.

42. Hallar la ecuación de la recta que pasa por el punto $\vec{p} = (3,4,7)$ y es perpendicular al plano $3x - 2y + z = 9$.

43. Hallar la ecuación de la recta que pasa por el punto $\vec{p} = (x_0, y_0, z_0)$ y tiene a $\vec{p}$ por vector paralelo.

44. En los ejercicios siguientes, determine la ecuación de la recta que pasa por los dos puntos dados.

    a) $\vec{p} = (3,9,7)$, $\vec{q} = (-1,2,5)$.
    b) $\vec{p} = (2,1,6)$, $\vec{q} = (-2,3,2)$.
    c) $\vec{p} = (0,0,0)$, $\vec{q} = (2,6,5)$.

45. En los ejercicios siguientes, determine si los puntos $\vec{p}$ y $\vec{q}$ se encuentran en la recta dada.

    a) $$\begin{cases} x = 2 + t \\ y = -3t \\ z = t \end{cases} \qquad \vec{p} = (2,0,0), \quad \vec{q} = (3,1,1).$$

b) $\begin{cases} x = 1+2t \\ y = 2-3t \\ z = 1+t \end{cases}$ $\vec{p} = (5,-4,1)$, $\vec{q} = (-1,5,0)$.

c) $\begin{cases} x = 2+t \\ y = -3t \\ z = t \end{cases}$ $\vec{p} = (0,0,0)$, $\vec{q} = (2,1,1)$.

46. Hallar la ecuación de la recta que pasa por $\vec{p} = (2,1,4)$ y que es paralela a la recta $x = 3t$, $y = -2+4t$, $2 = -t$.

47. Hallar la ecuación de la recta que pasa por el origen y es perpendicular a la recta $x = 3-2t$, $y = 3+4t$, $2 = -5t$.

48. Los puntos $A = (2,1,3)$, $B = (-2,7,5)$, $C = (2,3,2)$ son los vértices de un triángulo. Hallar las ecuaciones de las rectas donde se encuentran las medianas de este triángulo (es decir, las rectas que salen de uno de los vértices hacia el punto medio del lado opuesto de él). Constate que estas tres rectas se cruzan en un punto.

49. Hallar los puntos de intersección de la recta $x = 3+t$, $y = 2-t$, $2 = 4-5t$, con los planos coordenados.

50. Hallar el punto de intersección de la recta $\dfrac{x-3}{2} = \dfrac{y-1}{3} = z$, con el plano $2x+y-z = 1$.

51. Verifique que la recta $\dfrac{x-2}{2} = \dfrac{y+1}{7} = \dfrac{z}{4}$, se encuentra contenida en el plano $x-2y+3z-4 = 0$.

52. Compruebe que la recta $\dfrac{x}{-5} = \dfrac{y+1}{12} = \dfrac{z-1}{13}$, se encuentra contenida tanto en el plano $5x+y+z = 0$, como en el plano $2x+3y-2z = -5$.

53. En cada uno de los ejercicios siguientes, determine las ecuaciones paramétricas de las rectas que resultan de la intersección de los planos dados.

    a) $2x+3y-2-4 = 0$, $3x+y-z = 0$.

    b) $3x+y-4z = 0$, $5x+z = 2$.

    c) $x+y+z = 2$, $x-y+z = 3$.

d) $x = 0, y = 0$.

54. Verifique que las dos rectas $L_1 = \{x = 3t, y = 2t, z = t, t \in \mathbb{R}\}$, $L_2 = \{x = -3t, y = -t, z = t, t \in \mathbb{R}\}$, se cortan en un punto. Determine la ecuación de! plano en el que éstas se encuentran.

55. El punto $\vec{p} = (2, 1, -1)$ se encuentra en el plano $x - y + z = 0$. Determine la forma general de las ecuaciones de las rectas que pasan por $\vec{p}$ y que se encuentran sobre el plano dado.

56. El punto $\vec{p} = (1, 3, 2)$ se encuentra en el plano $x + y - 2z = 0$. Determine la forma general de las ecuaciones de las rectas que pasan por $\vec{p}$ y que se encuentran sobre el plano dado.

57. Hallar la distancia entre los puntos de intersección de la recta $x = 3 - 2t$, $y = z = t$, con los planos paralelos $2x + y + 2 = 3$, $2x + y + z = 9$. ¿Es ésta la distancia entre los dos planos paralelos dados?

58. Hallar la distancia entre los puntos de intersección de la recta $x = 5 + t$, $y = 3 - 2t$, $z = 4 + 3t$, con los planos paralelos $x - 2y + 3z = 2$, $x - 2y + 3z = 6$. ¿Es ésta la distancia entre los dos planos paralelos dados?

Referencias

[1] Apostol, T. M. *Calculus, Vol. 2: Multi-Variable Calculus and Linear Algebra with Applications*, Wiley,(1967).

[2] Arfken, G. B., Weber, H. J., & Harris, F. E. *Mathematical Methods for Physicists*, Academic Press, (2012).

[3] Boyce, W. E., & DiPrima, R. C. *Elementary Differential Equations and Boundary Value Problems*, Wiley, (2012).

[4] do Carmo, M. P. *Differential geometry of curves and surfaces*, Prentice-Hall, (1976).

[5] Edwards, C. H., & Penney, D. E. *Multivariable Calculus*, Prentice Hall, (2002).

[6] Erwin Kreyszing, *Matemáticas Avanzadas para ingeniería Vol. 1*, Tercera Edición, Editorial Limusa Wiley.

[7] Gray, A., Abbena, E., & Salamon, S. *Modern Differential Geometry of Curves and Surfaces with Mathematica*, CRC Press, (2006).

[8] Glyn James,*Matemáticas Avanzadas para ingeniería*, Segunda Edición, Editorial Pearson.

[9] Hughes-Hallett, Gleason et al., *Cálculo aplicado, 1a*, CECSA, 2003.

[10] Hughes-Hallett, D., McCallum, W. G., & Gleason, A. M. *Calculus: Multivariable*. Wiley. (2013).

[11] Jost, J. *Riemannian Geometry and Geometric Analysis*, Springer, (2011).

[12] Kreyszig, E. *Advanced Engineering Mathematics*, Wiley, (2011).

[13] Kühnel, W. *Differential Geometry: Curves-Surfaces-Manifolds*, American Mathematical Society, (2005).

[14] Larson, R., & Edwards, B. H. *Multivariable Calculus*. Cengage Learning, (2013).

[15] Leithold, *El cálculo, Oxford, 7a*, 2003.

[16] Lee, J. M. *Introduction to Topological Manifolds*, Springer, (2010).

[17] Marsden, J. E., & Tromba, A. J. *Vector Calculus*. W.H. Freeman and Company. (2012).

[18] Montiel, S., & Ros, A. *Curves and Surfaces*, American Mathematical Society, (2009).

[19] OÑeill, B. *Elementary Differential Geometry*, Academic Press, (1997).

[20] Pressley, A. *Elementary Differential Geometry*, Springer, (2010).

[21] Salas, S., Hille, E., & Etgen, G. *Calculus: One and Several Variables*, Wiley, (2007).

[22] Simmons, G. F. *Differential Equations with Applications and Historical Notes*, McGraw-Hill, (1991).

[23] Spivak, M. *A Comprehensive Introduction to Differential Geometry, Vol. 2*, Publish or Perish, (1970).

[24] Stewart, J. *Calculus: Early Transcendentals*, Cengage Learning, (2015).

[25] Strang, G. *Introduction to Linear Algebra*, Wellesley-Cambridge Press, (2016).

[26] Thomas, G. B., Weir, M. D., & Hass, J. *Thomas'Calculus*, Pearson, (2014).

[27] Thorpe, J. A. *Elementary Topics in Differential Geometry*, Springer-Verlag, (1979).

[28] Tyn Myint-U, & Lokenath Debnath. *Linear Partial Differential Equations for Scientists and Engineers*, Birkhäuser, (2007).

[29] Zill, D. G., & Wright, W. S. *Advanced Engineering Mathematics*, Jones & Bartlett Learning, (2011).

Indice de páginas web

[1] https://www.youtube.com/watch?v=YDf3lviM1TU

[2] https://www.youtube.com/watch?v=uyyhtJrD7KQ

[3] https://www.youtube.com/watch?v=EsQzq7_mAR8

[4] https://www.youtube.com/watch?v=FZgu4It4ELM&list=PL9nwjHIJ6rus7M6k5Zn0moC4yYW9Ovuvj

[5] https://www.youtube.com/watch?v=D8POd48JDHU&list=PLz1XQvsh9neDzzo8NsrjWHI8nnS2Nbdco

[6] https://www.youtube.com/watch?v=FZgu4It4ELM&list=PL9nwjHIJ6rus7M6k5Zn0moC4yYW9Ovuvj

[7] https://www.youtube.com/watch?v=gsmsCc7Hr44&list=PLnsqUi9vdSGCm-lYwTr-JQ_stAPNygQkD

[8] https://www.youtube.com/watch?v=agnOsEMNXn4&list=PLJbmfIWM2PtCClB2jSzev1yaHGmKEKuBb

[9] https://www.youtube.com/watch?v=W4HQRc-gNCs&list=PL-BOzdv8O9p-WInZ00MgKcrlFsyqr484X

FSC
www.fsc.org
MIX
Papier | Fördert
gute Waldnutzung
FSC® C083411

Kolibri 360 GmbH
Ferdinand-Jühlke-Straße 7
99095 Erfurt, Deutschland
produktsicherheit@kolibri360.de

Druck:
CPI Druckdienstleistungen GmbH
im Auftrag der
Kolibri 360 GmbH
Ferdinand-Jühlke-Str. 7
99095 Erfurt